Synthese dimerer Cystinknoten-Mikroproteine im Hinblick auf bivalente Enzyminhibition

DISSERTATION

zur Erlangung des Doktorgrades
der Mathematisch-Naturwissenschaftlichen Fakultäten
der Georg-August-Universität zu Göttingen

vorgelegt von
Stefan Cortekar
aus Hildesheim

Göttingen 2008

D7

Referent	Prof. Dr. U. Diederichsen
Korreferent	Jun.-Prof. Dr. C. Ducho
Tag der mündlichen Prüfung:	22.01.2009

Die vorliegende Arbeit wurde in der Zeit von September 2005 bis Dezember 2008 am Institut für Organische und Biomolekulare Chemie der Georg-August-Universität zu Göttingen unter Leitung von Prof. Dr. U. Diederichsen angefertigt.

Mein besonderer Dank gilt meinem Doktorvater, Herrn Prof. Dr. U. Diederichsen, für die interessante Themenstellung, die stete Diskussionsbereitschaft und die gewährte wissenschaftliche Freiheit.

Herstellung und Verlag:
Books on Demand GmbH, Norderstedt
ISBN 978-3-8370-8748-2

Inhaltsverzeichnis

1 Einleitung und Zielsetzung   2

2 Die Familie der Cystinknoten Mikroproteine   5

   2.1 Vertreter und biologische Aktivität 5

   2.2 Das Strukturmotiv 6

3 Neue Protease-Inhibitoren   10

   3.1 Die Serin Protease Trypsin 11

   3.2 Die humane β-Tryptase 13

      3.2.1 Struktur des β-Tryptase Tetramers 14

      3.2.2 Inhibition der humanen β-Tryptase 16

   3.3 Design neuer Tryptase-Inhibitoren 19

4 Synthese von Cystinknoten Mikroproteinen   22

   4.1 Rekombinante Produktion 22

   4.2 Chemische Synthese 24

      4.2.1 Synthese nach Boc-Strategie 25

      4.2.2 Synthese nach Fmoc-Strategie 26

   4.3 Synthese der Knotenproteine 37

      4.3.1 Fmoc unterstützte Synthese der MCoTI-II-Varianten 37

      4.3.2 Austausch der Trt-Schutzgruppe am Cystein durch Acm . . 39

      4.3.3 Oxidative Faltung zum Cystinknoten 43

5 Chemische Modifikation und Dimerisierung   **44**

5.1   Allgemeine Dimerisierungsmethoden 44

5.2   Versuchte Dimerisierung durch Hydrazonbildung 45

    5.2.1   Synthese und Versuche mit einer Testsequenz 46

    5.2.2   Selektive Periodatoxidation von *N*-terminalem Serin 47

    5.2.3   Kinetische Betrachtung der Hydrazon-Bildung 47

5.3   Versuche zur Staudinger Ligation 48

5.4   Die Kupfer(I)-katalysierte 1,3-dipolare Zykloaddition 51

5.5   Synthese der Aminosäure-Bausteine und Reaktanden 53

    5.5.1   Synthese modifizierter Aminosäuren 53

    5.5.2   Synthese von Linkermolekülen 55

    5.5.3   Synthese der Additive 58

5.6   „Click-Chemie" zur Dimerisierung von Mikroproteinen 61

5.7   Synthese dimerer Knotenproteine als bivalente Proteaseinhibitoren . 64

5.8   Weiterführende Experimente 70

    5.8.1   Arbeiten zur Fluorophor-Markierung 70

    5.8.2   Arbeiten zur oxidativen Verknüpfung 71

6 Zyklisierungstrategien für Mikroproteine   **73**

6.1   Allgemeine Zyklisierungsmethoden 73

    6.1.1   Grundlegende Überlegungen 75

    6.1.2   Thia-Zip Reaktion 77

    6.1.3   Intein katalysierte Zyklisierung 78

    6.1.4   Hydrazon Head-to-Tail Makrozyklisierung 79

6.2   Zyklisierung durch Triazolbildung 80

6.3   Arbeiten zur Dimer-Makrozyklisierung 83

7 Zusammenfassung   **86**

8 Summary   **89**

9 Experimenteller Teil   **92**

9.1 Allgemeine Arbeitstechniken 92

9.2 Charakterisierung 96

9.3 Allgemeine Arbeitsvorschriften 98

9.4 Synthesen 105

     9.4.1 Unnatürliche Aminosäuren 105

     9.4.2 Linkermoleküle 111

     9.4.3 Peptidsynthesen 116

     9.4.4 Synthese 1,4-disubstituierter Triazole 135

10 Abkürzungsverzeichnis   **152**

11 Anhang   **157**

12 Literaturverzeichnis   **158**

1 Einleitung und Zielsetzung

Proteine gehören zu den wichtigsten biologisch aktiven Makromolekülen. Sie sind in allen lebenden Zellen zu finden und erfüllen dort unterschiedlichste Aufgaben: Proteine wirken als Gewebebausteine und Biokatalysatoren, sie beeinflussen als Hormone, Neurotransmitter und Neuromodulatoren die Inter-Zell-Kommunikation und regulieren lebenswichtige Vorgänge wie den Stoffwechsel, die Immunantwort oder die Atmung.[1,2] Während die Proteinstruktur lange Zeit nur als lineare, ungeordnete Abfolge von Aminosäuren angesehen wurde, beschrieben *Pauling* und *Corey* 1951 mit der α-Helix und dem β-Faltblatt die ersten Elemente der Sekundärstruktur.[3] Die Faltung der Polypeptide durch intra- und intermolekulare Wechselwirkungen zu einer wohlgeordneten, dreidimensionalen Sekundär-, Tertiär- und Quartärstruktur bedingt die individuelle Funktion eines Proteins. In den letzten Jahrzehnten sind vielfältige hochempfindliche analytische Verfahren und theoretische Modelle entwickelt worden, um Proteinstrukturen im einzelnen aufzuklären und ihre biologischen Funktionalitäten zu entschlüsseln. Das auf diese Art gewonnene Wissen bildet die Grundlage für die gezielte Veränderung von Proteinen zur Erzeugung maßgeschneiderter Eigenschaften. Das als *rational design* bezeichnete Verfahren eröffnet die Möglichkeit natürliche Proteine als Vorlage (*Scaffold*) zu nehmen und den Erfordernissen entsprechend zu modifizieren oder wie im *de novo* Ansatz formuliert eine gänzlich neue Sequenz zu entwerfen.[4,5]

In dieser Arbeit dient der *squash trypsin inhibitor* MCoTI-II[6] aus dem Kürbisgewächs *Momordica Cochinchinensis* als Grundgerüst für die Entwicklung neuer pharmakologisch wertvoller Makromoleküle. Das zyklische Polypeptid gehört mit seinen nur 34 Aminosäuren zur Substanzklasse der Mikro- bzw. Miniproteine, welche trotz ihrer relativ kurzen Sequenzen alle Eigenschaften von Proteinen, besonders die der wohlgeordneten dreidimensionalen Struktur, aufweisen. Hervorzuhebendes Merkmal der Mikroproteine ist die hohe Stabilität. Diese erlaubt auch die Öffnung des zyklischen Rückgrats und Variation der funktionellen Schleife, um zusätzliche biologische Aktivitäten zu implementieren oder vorhandene zu verstärken. Die Grundlage für diese bemerkenswerte Eigenschaft bildet die konformationelle Fixierung durch den sogenannten Cystinknoten. Dieser besteht aus insgesamt drei Disulfidbrücken, in dem zwei Disulfide zusammen mit dem verbindenden Rückgrat einen Ring bilden, welcher von der dritten Disulfidbrücke durchstoßen wird (s. Abb. 1.1). Dieses Motiv erzeugt zusätzlich das proteintypische hydrophobe Zentrum. Mit seiner basischen Inhibitorschleife hemmt das MCoTI-II effektiv trypsinähnliche Serinproteasen. Besonders interessant ist diese Tatsache, weil auf diese Weise ebenso die humane β-III-Tryptase gehemmt wird, welche mit verschiedenen Krankheitsbildern, wie *Asthma*, *Multipler Sklerose* und verschiedenen inflammatorischen Reaktionen in Zusammenhang gebracht wird. Aufgrund des tetrameren Aufbaus der β-III-Tryptase bietet sich die Entwicklung polyvalenter Inhibitoren

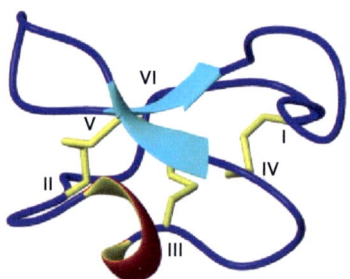

Abb. 1.1: Darstellung der Struktur des in dieser Arbeit verwendeten Peptid-*scaffolds* MCoTI-II,[7] anhand dessen bivalente Inhibitoren synthetisiert werden sollen. Grundlage für die Inhibition von trypsinähnlichen Serinproteasen ist die Inhibitorschleife zwischen Cys-I und Cys-II.

zur Hemmung von pathologisch erhöhten Tryptaseaktivitäten an.

Das MCoTI-II Knotenprotein weist mit seiner hohen strukturellen Stabilität gegenüber pH-Werten und Temperaturen, der daraus resultierenden potentiellen oralen Applikation und der synthetischen Verfügbarkeit die notwendigen Eigenschaften auf, um im Hinblick auf eine pharmokologische Verwendung als *scaffold* zu dienen.

Auf der Basis dieses *scaffolds* sind die Ziele der vorliegenden Arbeit:

- Die Entwicklung neuer hochselektiver und effektiver Proteaseinhibitoren durch die Etablierung einer allgemeinen Syntheseroute zur Darstellung von Knotenproteindimeren.

- Die Einführung verschiedener, für die Dimerisierung von Knotenproteinen geeigneter, Linkermoleküle.

- Die Synthese ausreichender Mengen von potentiellen, dimeren Proteaseinhibitoren zur Ermittlung der inhibitorischen Aktivität sowie der Spezifität gegen verschiedene Proteasen in enzymatischen Tests.

- Die Etablierung einer neuen Methode zur Rückgratzyklisierung von Knotenproteinen und Messung der biologischen Aktivität der makrozyklisierten Produkte.

- Die Untersuchung der Synthesemöglichkeit von dimeren, makrozyklisierten Knotenproteinen.

2 Die Familie der Cystinknoten Mikroproteine

2.1 Vertreter und biologische Aktivität

Bei den Cystinknoten Mikroproteinen handelt es sich um Mitglieder einer großen Familie von kleinen, hochgeordneten Proteinen mit einer Vielzahl therapeutisch interessanter biologischer Aktivitäten. Die meisten der entdeckten Cystinknoten Mikroproteine sind pflanzlichen Ursprungs, bisher wurden über fünfzig nachgewiesen, vermutet werden allerdings mehr als tausend.[8] Ihre natürliche Aufgabe besteht wahrscheinlich in der Abwehr von Fressfeinden, da in Feldversuchen die Entwicklung von Insektenlarven nachweisbar gehemmt werden konnte.[9] Die pharmakologisch bedeutenden Funktionen reichen von uteruskontrahierender Wirkung und antagonistischer Wirkung gegen Neurotensin über anti-HIV und anti-Krebs bis hin zu antimikrobieller Aktivität.[10–12] Eine der wichtigsten Eigenschaften ist die inhibitorische Wirkung vieler Cyclotide auf Proteasen wie Trypsin und Elastase, was sie zu einem vielversprechenden Leitstruktur für die Entwicklung neuer Arzneimittel macht.[13, 14]

Auch im Tierreich sind Cystinknoten Mikroproteine bekannt. Einige wirbellose Arten wie die marine Kegelschnecke oder die Trichternetzspinne produzieren neurotoxische Knotenproteine, welche sogar für den Menschen lebensbedrohlich sind.[15, 16] Die Canotoxine der Kegelschnecke blockieren spezifisch N-Typ Kalzium-

Kanäle und unterbinden dadurch die Schmerzweiterleitung. Diese Eigenschaft kann zum Beispiel in der Schmerztherapie zur Behandlung chronischer Schmerzen Anwendung finden.[17] Selten kommen Cystinknoten Mikroproteine in Säugetieren vor, so konnten mit dem *Agouti related Protein (AGRP)* und dem *Agouti signaling Protein (ASIP)* erst zwei Vertreter im humanen Proteom gefunden werden.[18, 19]

2.2 Das Strukturmotiv

Alle Mitglieder der Knotenprotein-Familie sind durch das außergewöhnliche Strukturmotiv des Cystinknotens charakterisiert. Dieser Knoten entsteht durch die intramolekulare Verknüpfung von sechs Cysteinen in der Form, dass zwei Disulfidbrücken zusammen mit dem peptidischen Rückgrat einen Ring bilden, welcher von der dritten Disulfidbrücke durchstoßen wird. Auf diese Weise kann trotz der relativ geringen Aminosäurezahl von typischerweise rund 30, eine nicht nur wohl geordnete dreidimensionale Struktur, sondern auch eine äußerst hohe Stabilität erzeugt werden. Dies zeigt sich am Beispiel des ersten entdeckten Mikroproteins des *Cyclotide*-Typs, dem Kalata B1, welches schon von afrikanischen Stämmen mit

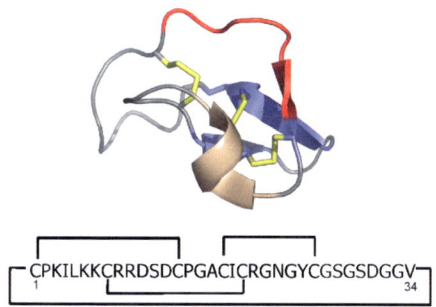

Abb. 2.1: Trypsin Inhibitor MCoTI-II.[7] Die farbigen Strukturmerkmale bedeuten: Blau: β-Stränge, beige: α-Helix, gelb: Disulfidbrücken, rot: Inhibitor-Loop, grau: Zyklisierungs-Loop.

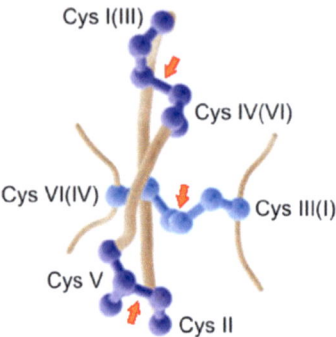

Abb. 2.2: Ausschnitt des Cystin-Knotenmotivs der Knotenproteine. Das peptidische Rückgrat (braun) bildet zusammen mit zwei Disulfidbrücken (dunkelblau) einen Ring,
welcher von einer dritten S-S-Bindung durchstoßen wird (hellblau). Die Disulfidbrücken sind durch die Pfeile angezeigt. Die Nummerierung der Cysteine mit
römischen Zahlen bezieht sich auf die unterschiedliche Nomenklatur der verschiedenen Knotentypen und zeigt deren Konnektivität an. Die Zahlen vor den Klammern entsprechen den Knoten des Typs ICK und CCK, während die Zahlen in
Klammern der GFCK-Struktur entsprechen.[29]

kochendem Wasser extrahiert und als Tee getrunken bei der Geburtshilfe eingesetzt wurde.[20, 21] Die Resistenz dieser Peptide beschränkt sich allerdings nicht nur
auf hohe Temperaturen, sondern gilt auch gegenüber extremen pH-Werten, chemischer Denaturierung und proteolytischem Abbau.[22, 23] Verantwortlich hierfür ist die
außerordentliche konformationelle Rigidität, welche durch die drei Disulfidbrücken
erzeugt wird.[24, 25] Für eine pharmakologische Verwendung und die Eignung als mo-
lekulares Grundgerüst für das *rational Design*[26] ist es weiterhin von großer Bedeutung, dass Knotenproteine ihre strukturelle Integrität auch bei Veränderungen im
Inhibitor- und Zyklisierungsloop beibehalten und somit neue Funktionen auf ein
stabiles, oral verfügbares Molekül übertragen werden können.[23, 27, 28]

Topologisch lassen sich die Vertreter der Cystin-Knotenprotein Familie in drei
verschiedene Gruppen gliedern, wobei die Verknüpfung der Cysteine immer nach
der dem gleichen Muster, Cys (I-IV), Cys (II-V) und Cys (III-VI) geschieht. Die
erste Klasse ist die der Wachstumsfaktor Cystin-Knotenproteine[30, 31] mit den Ver-

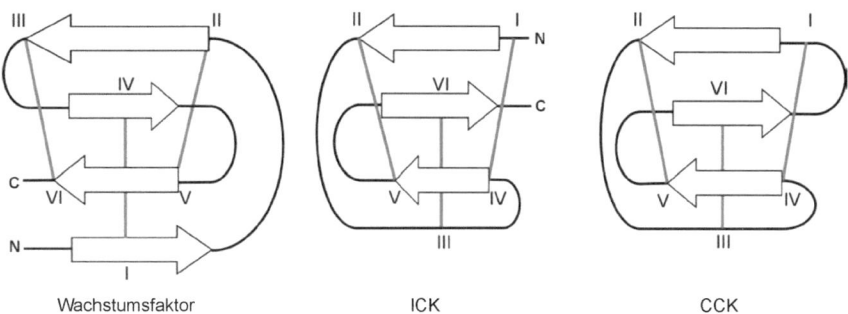

Abb. 2.3: Topologie der drei verschiedenen Klassen von Cystin-Knotenproteinen. Die Cystein-Reste sind beginnend am *N*-Terminus von I-VI durchnummeriert. Die Pfeile entsprechen β-Faltblatt Strängen.

tretern NGF,[32] TGF-β-2[33] oder PDGF-BB.[34] In dieser Gruppe ist bei allen Mikroproteinen die Disulfidbrücke zwischen den Cysteinen I und IV mit mehreren β-Strängen assoziiert. Aus dieser Verlängerung ergibt sich das spezifische Strukturmerkmal, dass die von den Disulfidbrücken Cys (III-VI) und Cys (II-V) sowie dem verbrückenden Rückgrat gebildeter Ring von der Verbindung (Cys (I-IV) durchstoßen wird. Weiterhin gibt es die Klassen mit dem sogenannten ICK-Motiv (*inhibitor cysteine knot*) und dem CCK (*cyclic cysteine knot*). Beide Klassen unterscheiden sich prinzipiell nur durch das beim CCK vorhandene zyklische Grundgerüst, welches durch eine Peptidbindung zwischen den Termini entsteht und den Zyklisierungsloop bildet. In diesen Mikroproteinen wird der Cystinknoten aufgrund der Cys (III-VI) Bindung, welche die anderen beiden Disulfide und die Peptidkette durchdringt, gebildet. Sowohl die ICK als auch die CCK Mikroproteine beinhalten ein kleines antiparalleles β-Faltblatt und eine kurze 3_{10}-Helix welche durch den Cystinknoten zusammengehalten werden.

Mechanismus der Faltung zum nativen Motiv

Die Ausbildung der dreidimensionalen Struktur von Proteinen ist eine der wichtigsten Fragestellungen der Strukturbiologie. Bei der Knüpfung des Cystinknotens existieren unter der Annahme, dass nur korrekte Disulfidbrücken gebildet werden, sechs unterschiedliche Verknüpfungsreihenfolgen auf dem Weg zum nativen Knotenmotiv. Durch NMR experimentelle Untersuchung eines teilweise reduzierten MCoTI-II-Intermediats konnte vor kurzem eine direkte Vorstufe des oxidierten MCoTI-II identifiziert werden. Interessanterweise ist die labilste und damit als letzte gebildete Disulfidbrücke diejenige, welche den Ring penetriert. Da das Intermediat II_a (Abb. 2.4) aber nicht der finalen Struktur entspricht, muss das Molekül vor der Bildung der Cys (I-IV) Bindung eine energetisch unvorteilhafte Konformation annehmen.[35] Dies ist auch der Grund für die sehr lange Halbwertszeit von ca. 100 h in leicht saurem wässrigen Medium.

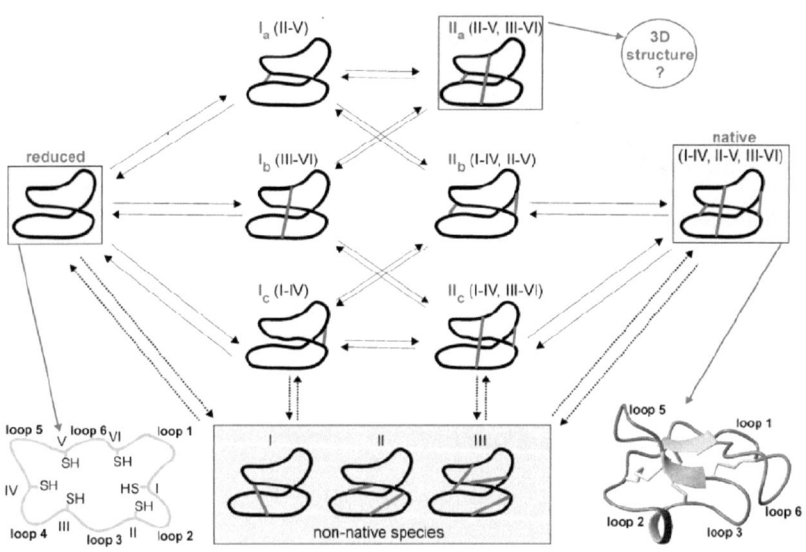

Abb. 2.4: Darstellung der denkbaren Faltungsmöglichkeiten des Zyklotids MCoTI-II.[35]

3 Neue Protease-Inhibitoren

Proteasen sind eine Klasse von Enzymen, welche in allen Geweben und Zellen aller Organismen vorkommen.[36] Sie werden in intra- und extrazelluläre Proteasen unterschieden. Extrazelluläre Proteasen sind bei tierischen Organismen in besonders hoher Konzentration im Verdauungstrakt zu finden, wo sie die mit der Nahrung aufgenommenen Proteine in in kleinere Einheiten spalten. Der tägliche Bedarf des menschlichen Körpers an Protein liegt bei etwa 1–2 g pro kg Körpergewicht.[37] Um die zugeführten Eiweisse und abgestorbene eigene Zellen möglichst effizient zu nutzen, hat die Evolution eine ganze Reihe proteinschneidender Enzyme entwickelt, welche die Peptidbindung an verschiedenen Stellen in der Peptidkette hydrolisieren. Am Ende dieses Prozesses stehen die monomeren Aminosäuren, die im Organismus zum Aufbau neuer Polypeptide verwendet werden können.

Trotz dieser lebenswichtigen Funktionen müssen Proteasen permanent reguliert werden, da sie sonst eine große Gefahr, beispielsweise im Zuge inflammatorischer und allergischer Erkrankungen, darstellen können. Die Menge der aktiven der Proteasen im Organismus wird häufig durch sogenannte Protease-Inhibitoren im Gleichgewicht gehalten. Diese ubiquitären Inhibitoren binden sich in einer substratähnlichen Weise an das aktive Zentrum des Enzyms. Die Hemmung des Enzyms ist in der Bildung eines extrem stabilen Komplexes mit dem Inhibitor begründet, in dem die Hydrolyse der Bindung sehr langsam verläuft und die aktive Tasche damit für andere Substrate blockiert ist.

Im Pflanzenreich übernehmen Proteasehemmmer wichtige Schutzfunktionen gegenüber äußeren Einflüssen. Beispielsweise werden die Darmproteasen von Insekten durch die im gefressen Samen enthaltenen Inhibitoren unterdrückt und dadurch die Keimfähigkeit der Samen beibehalten.[38] Weiterhin führte in Feldversuchen die Verfütterung von Cyclotiden aus *Oldenlandia affinis* zu einer deutlichen Behinderung des Larvenwachstums.[9] Überlebensnotwendig sind Proteaseinhibitoren für die Bakterien der Darmflora. *Escherichia coli* (*E. coli*) exprimiert dazu das Protein Ecotin, welches gleich mehrere Proteasen effektiv hemmen kann.[39]

3.1 Die Serin Protease Trypsin

Die Gruppe der Serinproteasen verbindet ihre gemeinsame katalytische Triade, bei der die Aminosäure Serin eine entscheidende Rolle spielt. Zu den Mitgliedern zählen Plasmin und Thrombin, welche für die Blutgerinnung benötigt werden, sowie die Verdauungsenzyme Trypsin, Chymotrypsin und Elastase. Die Aufgabe dieser Enzyme besteht in der Spaltung von Peptidbindungen, wobei Trypsin die Position neben Lysin und Arginin, Chymotrypsin neben Phenylalanin und anderen sperrigen

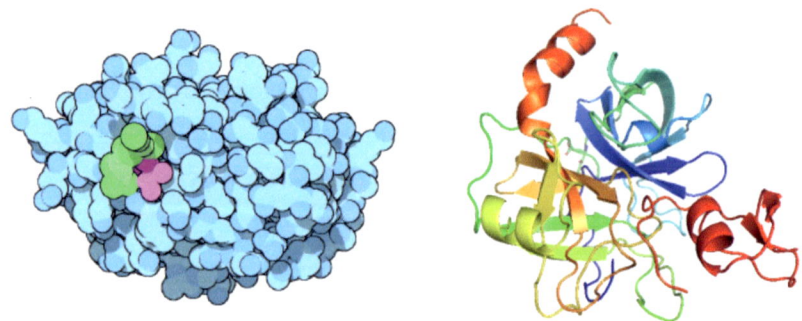

Abb. 3.1: Links: 3D-Struktur von Trypsinogen. Die aktive Tasche ist grün und pink hervorgehoben. PDB: 2PTC[40]
Rechts: Darstellung der Strukturelemente von Trypsin im Komplex mit LDTI (rot). PDB: 1AN1[41]

Aminosäuren, und Elastase unpolare Kettenglieder wie Alanin bevorzugt.

In der von β-Faltblättern geprägten Struktur des Trypsins befindet sich die katalytische Triade in einer Spalte zwischen zwei β-Barrels. Im Zentrum dieser Triade liegt ein Serinrest der durch Histidin und Aspartat aktiviert wird. In der direkten Nachbarschaft des Serins öffnet sich die Spezifitätstasche in der wegen der Carboxylgruppe des Aspartat 189 die Seitenketten basischer Aminosäuren durch Ausbildung einer Salzbrücke verankert werden können.[41] Diese Wechselwirkung begründet die bevorzugte Hydrolyseposition benachbart zu Lysin und Arginin. Nach

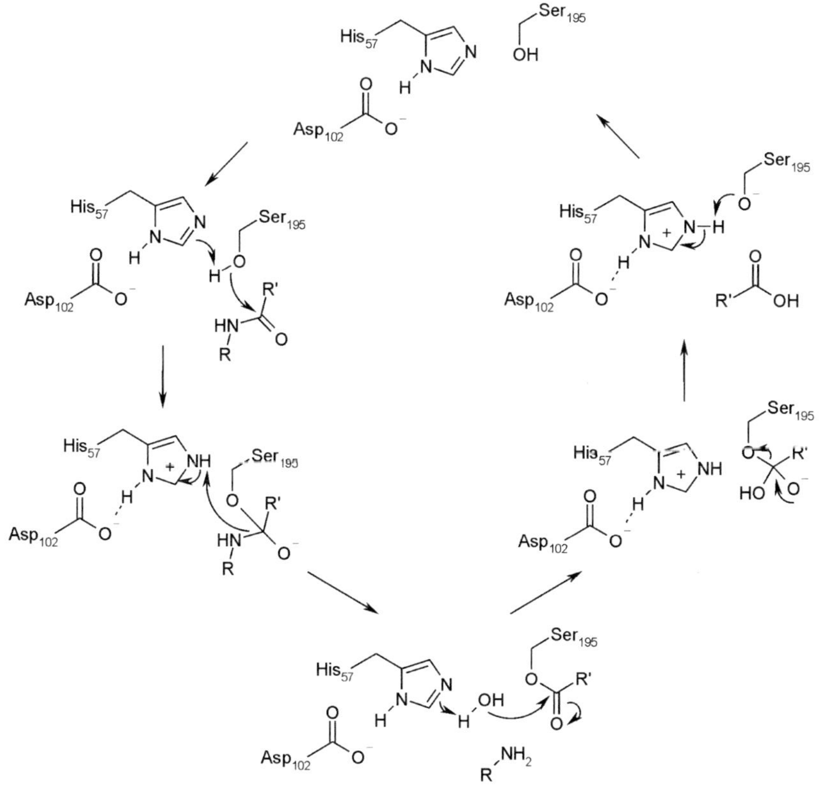

Abb. 3.2: Reaktionsmechanismus der trypsinartigen Serinproteasen.

Bindung eines Peptids wird die Amidbindung vom Serinrest 195 angegriffen. Histidin und Aspartat erhöhen hierbei die Reaktivität des Serins durch Deprotonierung der OH-Gruppe. Die einzelnen Aufgaben der am Katalyseprozess beteiligten Aminosäuren Asparaginsäure 102, Histidin 57 und Serin 195 werden in Abbildung 3.2 verdeutlicht.

3.2 Die humane β-Tryptase

Bei den Humanen Mastzell-Tryptasen handelt es sich um eine Unterfamilie der trypsinartigen Serinproteasen. Dementsprechend wird eine basische Seitenkette, vorzugsweise Lysin oder Arginin, zur Interaktion mit der die S1-Tasche begrenzenden Asparaginsäure benötigt. Die Substratspezifität wird allerdings wahrscheinlich weniger durch die genaue Struktur des aktiven Zentrums, als durch die Architektur des Enzyms bestimmt (s. Kap. 3.2.1).

Die Vertreter dieser Unterfamilie sind das zahlenmäßig häufigste Protein in humanen Mastzellen. Diese speziellen Leukozyten sind im gesamten menschlichen Körper zu finden, treten aber an der Hautoberfläche, dem Darmtrakt und besonders den Atemwegen vermehrt auf. Nach Auslösen einer Immunantwort exprimieren Mastzellen eine ganze Reihe verschiedener Tryptasen. Unterschieden werden hier α-, β- und γ-Tryptase.[42,43] Die α-Tryptase wird weiterhin in α-I und α-II, die β-Tryptase in β-I, β-II und β-III-Tryptase unterteilt.[44,45] Die β-Tryptase ist hier hervorzuheben, denn nur sie wird intrazellulär aktiviert und in größeren Mengen in den sekretorischen Granula gespeichert.[46,47]

Die Freisetzung dieser Tryptasen und weiterer Mediatoren wird mit mehreren allergischen und inflammatorischen Prozessen in Verbindung gebracht. Nach dem Nachweis von erhöhten Tryptase Konzentrationen in den Atemwegen von Asthmatikern konnte in weiteren Forschungen der Zusammenhang von Tryptase mit anderen schweren Erkrankungen erbracht werden.[50,51] So spielt Tryptase neben der

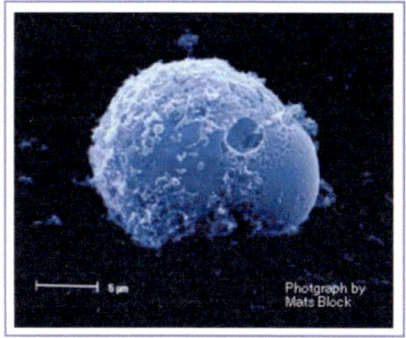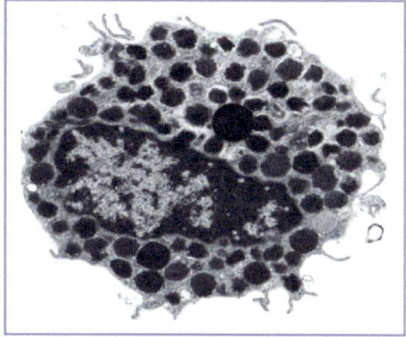

Abb. 3.3: Links: Elektronenmikroskopischen Bild einer IgE-aktivierten Mastzelle.[48]
 Rechts: Aufnahme eines Querschnitts durch eine granulierte humane Mastzelle.[49]

Entwicklung von Asthma auch bei der Entstehung von Rhinitis,[52] Multipler Sklerose,[53] sowie gastrointestinalen,[54] dermatologischen,[55] kardiovaskulären Krankheiten[56] und Arthritis[57] eine Rolle. Zu den weiteren nennenswerten Eigenschaften gehört die Förderung der Mitose von Fibroplasten,[58] Bronchial- und Epithelzellen,[59,60] die regulative Wirkung auf Neuropeptide wie Kininogen[61] als auch die angiogenen Fähigkeiten.[62]

3.2.1 Struktur des β-Tryptase Tetramers

Die humane β-Tryptase besteht aus vier Monomeren, welche die Eckpunkte eines rechteckigen Rahmens besetzen. Jedes Monomer interagiert mit seinen Nachbarn an zwei Grenzflächen über sechs Schleifenregionen, so dass die finale Geometrie fast vollständig einer 222 Symmetrie entspricht, wobei die A–B-Seite etwas gegen die C–D-Seite verdreht ist. Die aktiven Taschen der Monomere sind in das Innere des Tetramers gerichtet, dessen Zentrum eine solvensgefüllte Pore bildet. Die Symmetrieachsen kreuzen sich in der Mitte des Zentrums. An dieser Stelle besitzt die Pore ihre größte Ausdehnung mit einem Querschnitt von ca. 50 Å $\times$ 25 Å. Von zentraler Bedeutung für die Entwicklung von Inhibitoren ist die Tatsache, dass sich der

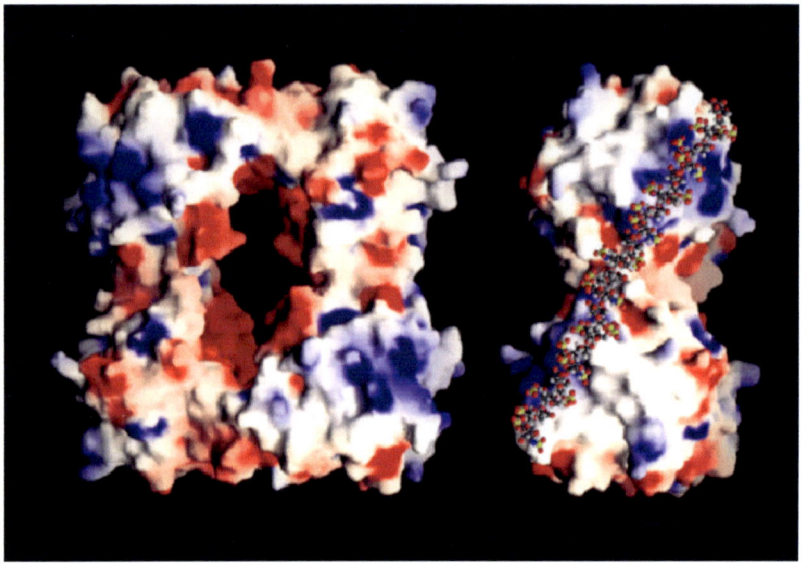

Abb. 3.4: Illustrierte Aufsicht und Seitenansicht des Tryptase Tetramers *in vivo*. In der Seitenansicht ist die stabilisierende Heparinklammer an den entsprechenden Bindungsstellen dargestellt. Die Oberflächenfärbung zeigt das elektrostatische Potential an. Blau entspricht positiven und rot negativen Ladungen.[63, 67]

Kanal von der Pore bis zum Eingang auf die Dimensionen 40 Å × 15 Å verschmälert.[63, 64] Als besonderes Strukturmotiv fällt auf, dass die Stabilität des Tetramers *in vivo* erst durch zwei Heparinklammern erzeugt wird, welche die Monomere A und B sowie C und D verbinden (s. Abb. 3.4). Ohne diese Klammern würde die Tryptase unter nativen Bedingungen sofort in die inaktiven Monomere zerfallen. Dies könnte auf einen natürlichen Regulationsprozeß hinweisen.[65, 66] Experimentelle Ergebnisse zeigen eine stabilisierende Wirkung ab einer Kettenlänge von 20 Zuckerresten bzw. einem Molekulargewicht von wenigstens 5.5 kDa.[68] Bei der Proteoglykan-Bindungsstelle an der Seite des Tetramers handelt es sich um eine fast vollständig elektrostatisch positive Fläche, während die nach innen gerichteten Seiten der Monomere ein vorwiegend negatives Potential aufweisen. Insgesamt betrachtet hat die

βIII-Tryptase mit 33 basischen und 24 sauren Aminosäureresten eine leicht positive Gesamtladung.

3.2.2 Inhibition der humanen β-Tryptase

Aufgrund ihrer Beteiligung an mehreren ernsten Erkrankungen ist die β-Tryptase ein wichtiges Ziel pharmakologischer Forschung. Da die Tryptase ihre proteolytische Aktivität *in vivo* nur in der von Heparin stabilisierten tetrameren Form behalten kann, ist der bisherige Fokus der Therapien auf die Zerstörung dieser Struktur gerichtet. Erfolgreich werden zu diesem Zweck Heparin-Antagonisten eingesetzt, welche die Heparinklammer der Tryptase entfernen und diese dadurch irreversibel inaktivieren.[69,70] Wegen ihrer entzündungshemmenden Wirkung werden ebenfalls Glucocorticosteroide wie Cortison zur Behandlung von Asthma verwendet. Nachteilig sind hier die nicht unerheblichen Nebenwirkungen wie Osteoporose, kardiovaskuläre, dermatologische, neurologische Krankheiten und vieles mehr. Diese Effekte hängen mit der sehr unspezifischen Wirkung der Antagonisten zusammen und

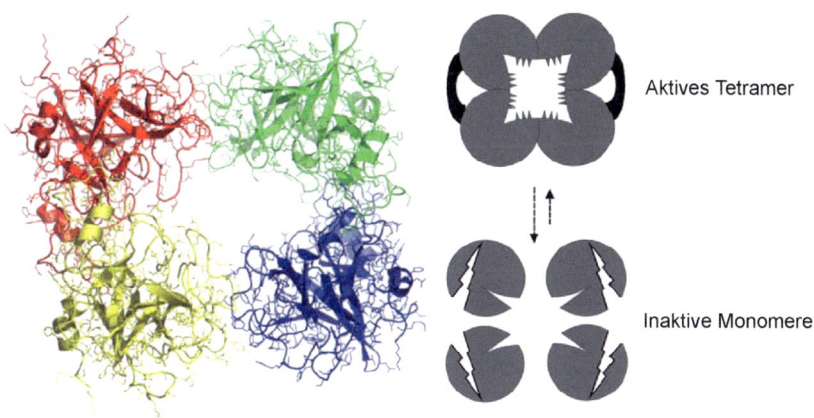

Abb. 3.5: Die *in vivo* stabile Form kann durch Entfernen der Heparinklammern in inaktive Monomere überführt werden.[63]

es ist daher Ziel der Forschung, spezielle Tryptase-Inhibitoren zu entwickeln, welche das Enzym selektiv inhibieren können. Die größte Gruppe stellen bisher sogenannte *small-molecules* dar.[71–73] In Tierversuchen konnten bereits einige dieser Inhibitoren Wirksamkeit gegen Asthma zeigen,[74,75] jedoch gilt als generelles Problem der *small-molecule* Inhibitoren ihre häufig ungenügenden Eigenschaften im Hinblick auf Toxikologie, Pharmakokinetik oder Bioverfügbarkeit.[48]

Die Blockierung der aktiven Taschen der Tryptase durch Peptide stellt hier einen wertvollen therapeutischen Ansatz dar. Bis heute ist allerdings der *leech-derived-tryptase-inhibitor* (LDTI) aus dem Blutegel *Hirudo medicinales* der einzige bekannte peptidische Tryptase-Inhibitor.[76] Der LDTI kann Tryptase zwar mit hoher Affinität binden, der K_i-Wert beträgt etwa 1.5 nM, ist aber mit einer Kettenlänge von 46 Aminosäuren so groß, dass nur zwei der vier Monomere inhibiert werden können. Die verbliebenen freien Monomere bleiben weiterhin enzymatisch aktiv.[77,78]

Erwähnenswert ist auch die Resistenz von β-Tryptasen gegenüber nahezu allen makromolekularen Inhibitoren wie Antithrombin III, C1-Esterase-Inhibitor, α_1-Protease-Inhibitor, sowie α_2-Makroglobulin.[79,80] In diesen Fällen scheint die Porenöffnung der limitierende Faktor zu sein.

Aus diesen Gründen bleibt der Bedarf an neuen Tryptase-Inhibitoren mit verbesserten Eigenschaften ungebrochen hoch. Ein vielversprechendes Grundgerüst stellen hier die Knotenproteine dar. Sie sind oral verfügbar, extrem stabil, lassen Änderungen in verschiedenen Schleifenregionen zu ohne ihre Struktur zu verlieren und sind außerdem klein genug um alle vier Monomere blockieren zu können.

a)

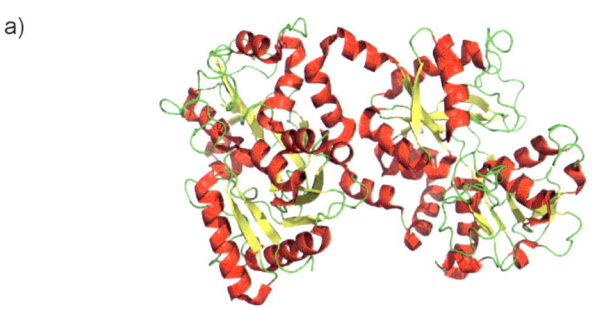

b)

c)

Abb. 3.6: Verschiedene Tryptase-Inhibitoren. a) Lactoferrin: Das Protein bindet an die Heparin-Klammer und hemmt die Tryptase durch Zerstörung des Tetramers. PDB: 1b0l b) *Small molecule*-Inhibitoren. Links: RWJ-56423 der Firma *Johnson & Johnson*.[81] Rechts: APC-366.[75] Beide Moleküle blockieren mit der basischen Kopfgruppe die aktiven Taschen der Tryptase. c) Bivalenter *small molecule* Inhibitor BYK150640 der Firma *Nycomed*.[67]

3.3 Design neuer Tryptase-Inhibitoren

Die elementare Anforderung an neue Tryptase-Inhibitoren ist die sehr hohe Spezifität für das aktive Zentrum der Tryptase-Monomere, welche um mehrere Potenzen größer sein muss als für andere Serinproteasen. In vorangegangenen Arbeiten von *Avrutina et al.* wurde mit der oMCoTI^{KKV}-Sequenz, durch Vergleich der nativen MCoTI-II-Struktur mit dem natürlichen Tryptase-Inhibitor LDTI bereits ein sehr guter monovalenter Inhibitor gefunden. Die Verlängerung des *N*-Terminus um die KKV-Einheit in direkter Nachbarschaft zur Erkennungsschleife verbessert die Hemmung der Tryptase durch Interaktion der basischen Lysine mit dem sauren 148-Loop des Tetramers.

oMCoTI	**GVCPKILKK–CRRDSDC–PGACICRGNGYCG**
LDTI	**KKVCACPKILKPVCGSDGRTYANSCIARCNGVSIKSEGSCPTILN**
oMCoTI^{KKV}	**KKVCACPKILKK–CRRDSDC–PGACICRGNGYCG**

Sequenzvergleich von oMCoTI, LDTI und resultierendem oMCoTI^{KKV}.

Die besondere tetramere Struktur der Tryptase bietet die seltene Möglichkeit, bivalente Inhibitoren zu entwickeln und die Distanz zwischen zwei aktiven Taschen mit einem Linker zu überbrücken. Diese Inhibitoren sind von anderen Gruppen bereits in Form von bivalenten Kleinmolekülen getestet worden.[82–84] In dieser Arbeit sollen allerdings in Kollaboration mit der Gruppe von *Prof. Kolmar* erstmals peptidische bivalente Tryptase-Hemmer synthetisiert werden. Als *scaffold* für diese Dimere dient die Sequenz des oMCoTI^{KKV}-Knotenproteins und zur Verknüpfung wurden in Bezug auf Länge, Flexibilität und Polarität verschiedene Linker synthetisiert. Die erhaltenen Dimere wurden anschließend in Zusammenarbeit mit den Arbeitsgruppen *Kolmar* (Darmstadt) und *Sommerhoff* (München) auf ihre Inhibition von Proteasen enzymatisch getestet.

Die Einführung bivalenter Tryptaseinhibitoren sollte mehrere signifikante Vorteile mit sich bringen. Dadurch, dass das *rational design* über eine präzise Passgenauigkeit an die aktive Tasche der Monomere hinaus auch die räumliche Struktur des tetrameren Enzyms addressiert, ist eine deutliche Spezifitätssteigerung gegenüber anderen Serinproteasen mit sehr ähnlicher aktiver Tasche zu erwarten. Von größter Bedeutung bei polyvalenten Molekülen ist die Potenzierung der inhibitorischen Aktivität bei Verwendung eines n-funktionalen Inhibitors um n Größenordnungen.[85, 86]

Die Abbildung 3.7 zeigt zwei mögliche Inhibitionstypen.[87] Im linken Fall sind die inhibierenden Kopfgruppen über einen flexiblen Linker miteinander verbunden. Durch diese Verknüpfung besitzt die zweite Kopfgruppe nach Bindung der ersten an die aktive Seite eines Tryptase-Monomers genug Spielraum, um das zweite Monomer inhibieren zu können ohne das die finale Anordnung durch den Linker bereits vorgegeben ist. Der rechte Fall stellt die mit einem starren Linker verknüpften Kopfgruppen eines bivalenten Inhibitors dar. Durch die Rigidität des Linkers ist der Inhibitor bereits so ausgerichtet, dass nach Hemmung des ersten Monomers die lokale Konzentration der zweiten Kopfgruppe an der aktiven Tasche des zweiten Monomers extrem erhöht und die Kinetik der Komplexierung deshalb stark beschleunigt ist. Um einen solchen Ideal-Linker zu entwerfen, sind allerdings exakte

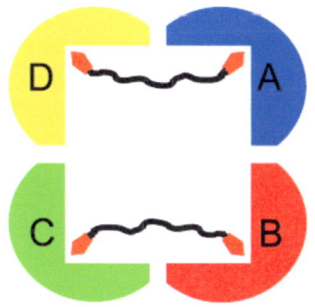 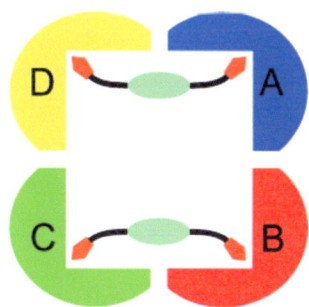

Abb. 3.7: Inhibition der aktiven Taschen mit bivalenten Molekülen.[87]
   Links: Bivalenter Inhibitor mit flexiblem Linker.
   Rechts: Bivalenter Inhibitor mit perfekt angepasstem, rigidem Linker.

Informationen über die Geometrie des Inhibitor-Tryptase-Komplexes nötig, welche zur Zeit noch nicht vorliegen.

Diesem Modell entsprechend wären tetravalente Inhibitoren die vielversprechendsten Kandidaten für die stärkste Hemmung der Tryptase. Allerdings sprechen zwei Gründe gegen solche Moleküle, erstens ist der sterische Anspruch von Tetrameren sehr wahrscheinlich zu hoch um die verengte Eingangsregion zur zentralen Pore zu passieren und zweitens nimmt die Bioverfügbarkeit generell mit zunehmendem Molekulargewicht ab. Daher sind tri- und tetramerische Inhibitoren lediglich von akademischen Interesse und stellen im Hinblick auf eine pharmakologischen Anwendung keine attraktiven Zielmoleküle dar.

4 Synthese von Cystinknoten Mikroproteinen

Seit Jahrzehnten werden natürliche ICK und CCK Mikroproteine durch Extraktion aus Pflanzenteilen gewonnen.[10,88,89] Mit fortschreitender Entwicklung der modernen Peptidsynthese und Gentechnik steht dieser Form der Gewinnung die künstliche Synthese von Knotenproteinen gegenüber. Die ersten chemischen Totalsynthesen erfolgten hierbei nach der Boc-Schutzgruppen Strategie,[90,91] während in den letzten Jahren das Fmoc-Protokoll deutlich an Popularität gewann[92–94] und inzwischen auch mikrowellenunterstützte Synthesen etabliert wurden.[95] Weiterhin steigt auch der Einsatz mikrobiologischer Verfahren zur Darstellung von Cystinknoten Mikroproteinen.[96–98]

4.1 Rekombinante Produktion

Im Arbeitskreis von Prof. Kolmar wurde im Zuge unserer Kooperation ein rekombinantes Expressionssystem für Mikroproteine entwickelt. Für diesen Zweck wurde *Escherichia Coli* (*E. Coli*) genetisch so modifiziert, dass es die durch Mutation von Histidin 102 zu Alanin inaktivierte Barnase,[99] im folgenden Barnase' genannt, zusammen mit dem gewünschten Mikroprotein exprimiert. Die Barnase' und das Mikroprotein sind dabei über einen Linker von drei Serinen und einer selektiven Spaltstelle für die chemische Abspaltung des Produkts, miteinander verbunden.

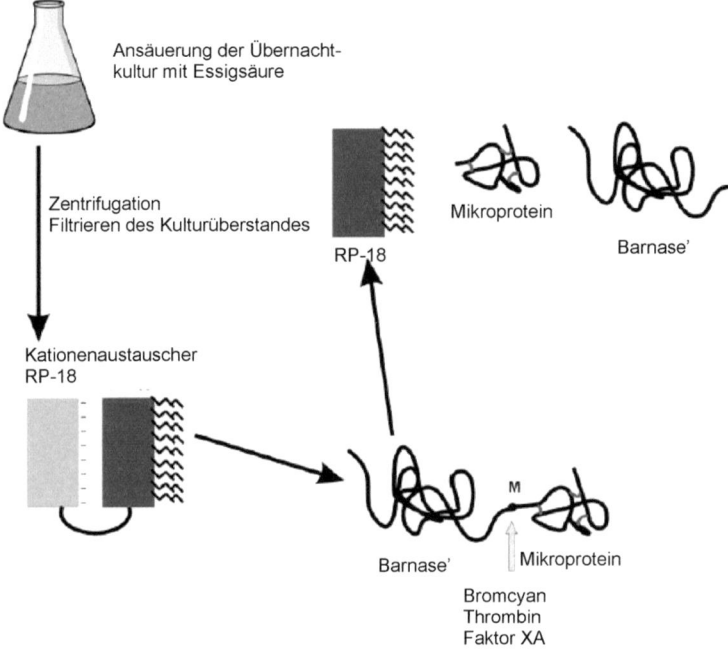

Abb. 4.1: Darstellung des Produktions- und Reinigungsprozesses von Barnase'-Fusionsproteinen.[96]

Nach Expression der Fusionen durch *E. coli* BMH 71-18 wird die Mischung unter starker Sauerstoffzufuhr bei 30 °C fermentiert. Der erste Aufarbeitungsschritt ist das Ansäuern mit Essigsäure über Nacht, wodurch die Zellmembran destabilisiert wird und das Produkt vermehrt in das Medium übergeht.[100] Die weitere Reinigung erfolgt durch kombinierte Kationenaustausch-/ RP-HPLC. Im Falle von Methionin als Spaltstelle lassen sich Barnase' und Mikroprotein durch Reaktion mit Bromcyan trennen und das Produkt nach erneuter RP-HPLC erhalten. Die Struktur des so produzierten Proteins besitzt bereits bei der Sekretion in den periplasmatischen Raum von *E. coli*, aufgrund des oxidierenden Milieus, einen nativ gefalteten Cystinknoten. Nach Spaltung mit Bromcyan wird ein *N*-terminaler Serinrest und ein *C*-terminales Homoserinlacton erhalten. Das Homoserinlacton kann anschließend chemisch weiter modifiziert werden (s. Seite 79).

4.2 Chemische Synthese

Seit Begründung der Peptidchemie durch Emil Fischer[101] anfang des vorherigen Jahrhunderts beschäftigen sich organische Chemiker mit der künstlichen Synthese von Peptiden. Die Peptidsynthese ist heute ein unentbehrliches Instrument zur Untersuchung von biomolekularen oder physiologischen Prozessen. So ist es ermöglicht worden, maßgeschneiderte Peptidbibliotheken zu erstellen, Isotopenmarkierungen oder unnatürliche Aminosäuren einzuführen und somit neue Funktionalitäten zu erschließen. In den ersten Jahrzehnten war ausschließlich die Synthese in Lösung möglich, welche mit niedrigen Ausbeuten pro Kettenverlängerung und aufwändigen Reinigungsschritten die Synthese nur relativ kurzer Sequenzen erlaubte. Trotz der großen Schwierigkeiten konnten einige beeindruckende Peptidsynthesen erzielt werden, u.a. Oxytocin[102] und Insulin.[103] Viele Probleme konnten 1963 mit der Einführung der Festphasensynthese (SPPS, *solid phase peptide synthesis*) durch R. B. Merrifield überwunden werden.[104, 105] Dieses Verfahren basiert auf dem sequenziellen Kuppeln von α-amino- und seitenkettengeschützten Aminosäuren an den *N*-Terminus immobilisierter Aminosäurereste. Nach Entfernen der N^α-Schutzgruppe wird die nachfolgende Aminosäure zusammen mit den Aktivierungsreagenzien bzw. als aktiviertes Derivat zugegeben und das Peptid verlängert (s. Abb. 4.2). Im Gegensatz zur biologischen Proteinsynthese findet die chemische Kettenverlängerung vom *C*- zum *N*-Terminus statt.

Die Vorteile der Festphasensynthese sind wie folgt:

- Alle Reaktionen finden in demselben Gefäß statt, wodurch keine Peptidverluste während der Synthese auftreten können.

- Durch großen Überschuss von Reagenzien können die Ausbeuten pro Kupplungsschritt nahezu quantitativ ausfallen.

• Alle überschüssigen Reagenzien und lösliche Nebenprodukte können sehr schnell durch mehrmaliges Waschen entfernt werden.

• Durch die immerwährende Wiederholung derselben Schritte lässt sich die gesamte Reaktionsführung problemlos automatisieren.

Mit der SPPS hat der Peptidchemiker eine schnelle und variable Methode für Peptide zur Hand, die auch die Synthese längerer Sequenzen erlaubt. Zur Auswahl stehen hier zwei alternative SPPS-Techniken, die Boc- (*tert*-Butyloxycarbonyl) und die Fmoc- ((9-Fluorenylmethyl)oxycarbonyl) Chemie, welche sich hauptsächlich in der Wahl der Schutzgruppenstrategie unterscheiden.

Große Bedeutung für die Synthese hat weiterhin die Wahl des Harzes. Zwar handelt es sich bei den meisten um mit 1-2 % Divinylbenzol quervernetztem Polystyrol, doch ist die erste Aminosäure nicht direkt, sondern über einen Linker an das Kopolymer gebunden. Die Eigenschaften dieses Linkers haben großen Einfluss auf die Synthese und das Peptid. So lassen sich *C*-terminal nach dem Abspalten des Peptids u. a. eine Säure-, Amid-, Ester- oder Hydrazidgruppe erzeugen. Durch gezielte Verringerung der Belegungsdichte können Aggregationsphänomene minimiert sowie mit sterisch anspruchsvollen Gruppen am Linker die Bildung von Diketopiperazinen unterdrückt werden.

4.2.1 Synthese nach Boc-Strategie

Die Synthesemethode für die meisten bis heute veröffentlichten Knotenproteine stellt die 1963 von Merrifield publizierte Boc-Chemie dar.[9,106–108] Zu den Cystinknoten Mikroproteinen, die nach dieser Methode erhalten wurden, gehören u.a. MCoTI-I, MCoTI-III, Kalata B1 (inklusive aller möglichen offenkettigen Sequenzen) sowie EETI-II.[109,110]

Zu den Nachteilen der Boc-Chemie gehören besonders die sehr rauen Bedingungen. So wird beispielsweise die Abspaltung von der festen Phase mit Fluorwasserstoff und Kresol und Thiokresol als *Scavengern* erreicht. Desweiteren sind die Syntheseausbeuten an Mikroproteinen im Allgemeinen gering.

4.2.2 Synthese nach Fmoc-Strategie

Eine neue orthogonale Synthesemethode für Peptide wurde 1971 von Sheppard mit der Fmoc-Strategie eingeführt.[111] Großer Vorteil sind die relativ milden Bedingungen unter denen sich die Seitenkettenschutzgruppen abspalten lassen. So wird die Orthogonalität der Chemie nicht durch Verwendung unterschiedlich starker Säuren wie bei der Boc-Strategie, sondern durch eine basenlabile N^{α}-Schutzgruppe erzielt, weshalb die Seitenkettenschutzgruppen deutlich säurelabiler gewählt werden können.

Funktionsweise der SPPS mit Fmoc-geschützten Aminosäuren

Bis zum Erreichen der gewünschten Peptidlänge besteht die Fmoc-Synthesestrategie aus der wiederholten Abfolge zweier Hauptreaktionen, der Kupplung der nächsten Aminosäure und dem Entschützen des *N*-Terminus.

Carbonsäureaktivierung und Kupplungsmethoden:
Die Knüpfung einer Amidbindung zwischen zwei Aminosäuren gelingt nur unter Energieaufwendung, da die Hydrolyse thermodynamisch und entropisch begünstigt ist. Aus diesem Grund wird die Carboxylgruppe der zu kuppelnden Aminosäure durch einen elektronenziehenden Substituenten aktiviert. Eine frühere Methode ist die Erzeugung von Säurechloriden durch Umsetzung mit PCl_5 oder $SOCl_2$, die vielen damit einhergehenden Nebenprodukte sind mit der zu starken Aktivierung der Säurechloride zu erklären und machen diese Methode für die Peptidchemie ungeeignet. Um den speziellen Bedürfnissen der Peptidchemie gerecht zu werden,

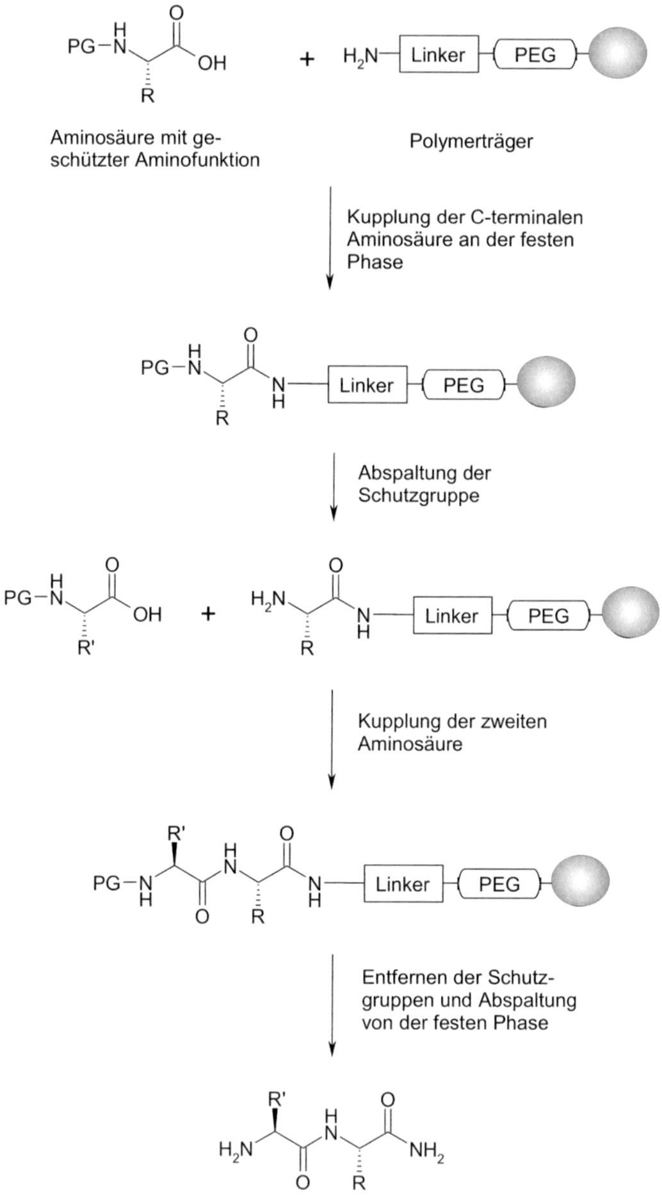

Abb. 4.2: Schematische Darstellung der Peptid-Festphasensynthese

sind in den letzten Jahren immer mildere Aktivierungreagenzien entwickelt worden. Besondere Bedeutung haben hier die Methode der symmetrischen[112] und unsymmetrischen Anhydride,[113] der Einsatz von präaktivierten oder *in situ* erzeugten Aktivestern,[114] sowie die Verwendung von Carbodiimiden[115] gewonnen. Eine der erfolgreichsten Methoden ist die Carbodiimid-Aktivierung unter Zugabe von Additiven wie HOBt (1-Hydroxybenzotriazol).[116–118] Vorteile dieser Aktivierung sind das Verschieben des chemischen Gleichgewichts auf die Produktseite durch Abfangen des freiwerdenden Wassers durch DIC (*N,N'*-Diisopropylcarbodiimide) und das Unterdrücken einer H^+-Abstraktion vom α-Kohlenstoff durch den leicht sauren pK_S-Wert von HOBt, was der Gefahr einer Racemisierung entgegenwirkt. Aus dem Grund der racemisierungsfreien Kupplung auch über längere Zeiträume, wird diese Methode häufig bei Cystein eingesetzt.

Eine Weiterentwicklung von HOBt stellt das Aza-Analogon HOAt (7-Aza-1-hydroxybenzotriazol) dar, welches zusammen mit dem entsprechenden Uroniumsalz HATU (*N*-(7-Aza-1*H*-benzotriazol-1-yl)-1,1,3,3-tetramethyluroniumhexafluorophosphat) die Kupplungsausbeuten verbessert, die Reaktionszeit verkürzt und dadurch die Racemisierungsgefahr verringert. Dies lässt sich wohl auf einen Nachbargruppeneffekt des pyridinischen Stickstoffs zurückführen, wodurch eine Wasserstoffbrücke zwischen der aktivierten Säure und der immobilisierten *N*-terminalen Aminosäure ausgebildet wird.[119]

Zu den Aktivierungsreagenzien, die mit HOBt und HOAt bei der *in situ* Aktivierung neben dem schon erwähnten HATU eingesetzt werden können, gehören die Uroniumsalze HBTU (*N*-(1*H*-Benzotriazol-1-yl)-1,1,3,3-tetramethyluroniumhexafluorophosphat), HCTU (2-(6-Chloro-1*H*-benzotriazol-1-yl)-1,1,3,3-tetramethylaminiumhexafluorophosphat) und TBTU (2-(1*H*-Benzotriazol-1-yl)-1,1,3,3-tetramethylaminiumtetrafluoroborat), sowie die Phosphoniumsalze BOP (1*H*-Benzotriazol-1-yl-oxy-tris(dimethylamino)phosphoniumhexafluorophosphat) und PyBOP (1*H*-Benzotriazol-1-yl-oxy-tris(pyrrolidino)phosphoniumhexafluorophosphat).

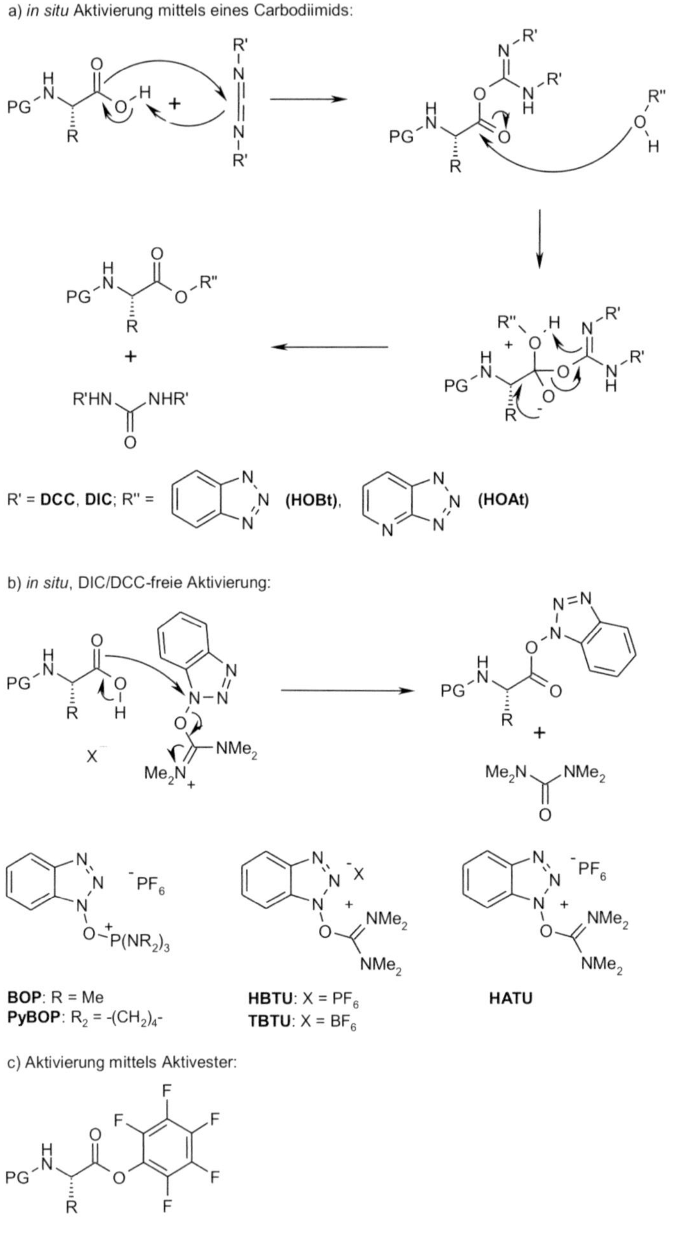

a) *in situ* Aktivierung mittels eines Carbodiimids:

R' = **DCC, DIC**; R'' = (HOBt), (HOAt)

b) *in situ*, DIC/DCC-freie Aktivierung:

BOP: R = Me
PyBOP: R$_2$ = -(CH$_2$)$_4$-

HBTU: X = PF$_6$
TBTU: X = BF$_6$

HATU

c) Aktivierung mittels Aktivester:

Abb. 4.3: Methoden der Carbonsäureaktivierung und häufig genutzte Reagenzien.

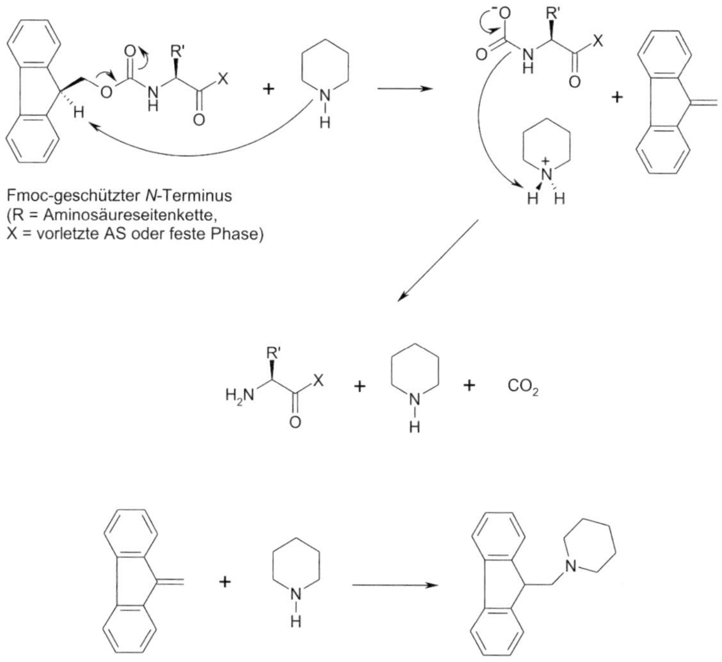

Fmoc-geschützter *N*-Terminus
(R = Aminosäureseitenkette,
X = vorletzte AS oder feste Phase)

Abb. 4.4: Mechanismus der Fmoc-Entschützung und Bildung des Piperidin-Fulvenaddukts.

Diese Technik zeichnet sich durch eine bessere Kinetik als die Carbodiimid-Methode aus, ist aber auf die Zugabe einer Base angewiesen, wodurch die prinzipielle Gefahr der Racemisierung gegeben ist.[120]

Fmoc-Entschützung:

Das Abspalten der *N*-terminalen Fmoc-Schutzgruppe geschieht unter basischen Bedingungen. Im Allgemeinen werden dazu 18–40%ige Lösungen von Piperidin in DMF verwendet. Das freigesetzte Fulven reagiert anschließend mit dem Piperidin zu einem Piperidin-Fulvenaddukt (s. Abb. 4.4). Ein großer Vorteil der Fmoc- gegenüber der Boc-Strategie ist die UV-Absorption der Fmoc-Gruppe, welche zur Synthesekontrolle bei der automatisierten Synthese genutzt werden kann.

Kupplung von Cystein

Für die Kupplung von Cystein wird ein anderes Protokoll als für alle anderen Aminosäuren verwendet. Dies liegt an dem basischen Medium in dem die Aktivierung mit Standardaktivierungsreagenzien durchgeführt wird, was im Falle von Cystein zu einer signifikanten Racemisierung führen kann. Aus diesem Grund wird die *in situ* Aktivierung mit den Reagenzien HOBt und DIC erzielt, welche ohne die Zugabe von Base gelingt (s. Abb. 4.3a).[121] Die Kupplung erfolgt durch Reaktion des ungeschützten Harzes mit einer Mischung aus Fmoc-Cys(Trt)-OH (4 Äquivalente), HOBt (3.9 Äquivalente) und DIC (3.9 Äquivalente) in minimaler Menge DMF für 60–90 Minuten unter leichtem Schütteln. Da für Cystein in der Regel eine Doppelkupplung vorgesehen ist, wird der beschriebene Kupplungsschritt einmal wiederholt. Anschließend werden die verbliebenen freien Aminofunktionen in einem *Capping*-Schritt acetyliert. Gegebenenfalls kann an dieser Stelle eine Testabspaltung vorgenommen werden, um die korrekte Kupplung zu kontrollieren.

Entschützen und Abspalten vom Harz

In diesem letzten Reaktionsschritt werden alle säurelabilen Seitenkettenschutzgruppen entfernt, maskierte Aminosäuren freigesetzt und das Peptid vom Linker abgespalten. Im Gegensatz zur Boc-Strategie, in der Fluorwasserstoff verwendet wird, lässt sich dies bei der Fmoc-Peptidsynthese mit relativ milden Bedingungen erreichen. Abhängig von der Wahl des Harzes und des Linkers wird das Peptid mittels Trifluorethanol (TFE), Essigsäure, Trifluoressigsäure (TFA), 1,1,1,3,3,3-Hexafluoroisopropanol (HFIP) oder sogar unter nicht-sauren Bedingungen abgespalten.[122–129] Die entstandenen Abspaltprodukte sind äußerst reaktiv und können irreversible Peptidschäden hervorrufen. Um diese Carbokationen abzufangen, werden der Abspaltlösung sogenannte *Scavenger* beigegeben. Der verwendete Cocktail enthält neben TFA die *Scavenger* 1,4-Dithio-DL-threitol (DTT), Anisol, Triethylsilan

(TES) und Wasser (22:1:1:0.5:0.5, v:w:v:v:v).

Die speziellen Funktionen der einzelnen *Scavenger* sind wie folgt:

- DTT bzw. 1.2-Ethandithiol (EDT) ist notwendig wenn aus den Seitenketten Boc- oder *t*Bu-Gruppen freigesetzt werden. Die entsprechenden Carbokationen können aus Tryptophan, Tyrosin und Methionin die *t*-Bu-Derivate erzeugen. DDT/EDT fängt mit seinen Schwefelnucleophilen effizient *t*-Butyltrifluoroacetat, 2,2,5,7,8-Pentamethylchroman-6-sulfonyl- (Pmc) und Tritylkationen ab, verhindert allerdings nicht die Reaktion mit Tryptophan.

- Wasser unterdrückt sehr erfolgreich die Alkylierung des Indolrings von Tryptophan sowie die Hydroxylgruppe von Tyrosin und ist essentiell wenn die Pmc Gruppe im Peptid vorhanden ist.

- Thioanisol/Anisol schützt Methionin vor der Oxidation zum Sulfoxid, eliminiert *t*-Butyltrifluoroacetat und unterstützt die Abspaltung der Pmc-Gruppe.

- Triethylsilan wird dazu eingesetzt hochstabilisierte Kationen abzufangen die bei der Entschützung von tritylgeschützten Aminosäuren entstehen.

Der Vorteil von DTT gegenüber EDT ist der schwächere Geruch sowie die einfachere Handhabung des Feststoffs. DTT kann nach Ausfällen des Peptids mit der organischen Phase entfernt werden und muss nicht evaporiert werden.

Schwierige Sequenzen

Bei der Peptidverlängerung an fester Phase kommt es bei manchen Sequenzen zu einem plötzlichen Einbruch der Reaktionskinetik und der Bildung von Abbruchsequenzen. Diese Sequenzen sind bisher nicht präzise vorherzusagen, jedoch gibt es statistische Werte, wann mit Syntheseproblemen zu rechnen ist. Als Ursache der Aggregation gilt heute die Entstehung intra- und/oder intermolekularer Wasserstoffbrückenbindungen, welche einen Übergang von *random-coil*-Strukturen zu

Tabelle 4.1: Auflistung der gebräuchlichen Aminosäuren mit Schutzgruppen. Verwendete Aminosäuren sind in blau gezeigt.

Arg(Boc)$_2$	Cys(Acm)	Glu(O-t-Bu)	Lys(Alloc)
Arg(Mtr)	Cys(Trt)	Glu(O-t-Bu)	Lys(Dde)
Arg(Pbf)	Cys(t-Bu)	His(Boc)	Ser(t-Bu)
Arg(Pmc)	Cys(S-t-Bu)	His(Trt)	Ser(Trt)
Asn(Tmob)	Cys(Mmt)	Lys(Boc)	Thr(t-Bu)
Asn(Trt)	Gln(Tmob)	Lys(Fmoc)	Trp(Boc)
Asp(O-t-Bu)	Gln(Trt)	Lys(Mtt)	Tyr(t-Bu)

β-Faltblättern und α-helikalen Strukturen bewirken.[130, 131] Die Folge hiervon ist eine Schrumpfung der Peptidkette und des Harzes wodurch es zu einer Platzminderung zwischen den einzelnen Ketten kommt. Diese zunehmende sterische Hinderung verhindert eine effektive Diffusion der Kupplungs- und Entschützungsreagenzien in der Harzmatrix und führt zu Kettenabbrüchen und Fehlsequenzen.[132, 133] Die so entstandenen Rohpeptide zeigen häufig Probleme bei der Charakterisierung und Reinigung.[134]

Das Auftreten von Aggregation lässt sich bei der Fmoc-Strategie sehr gut am Entschützungsprofil erkennen. Bei guter Quellung des Harzes ist das Profil glockenförmig, während es mit zunehmender Aggregation flacher und breiter wird. In diesem Fall muss der Aggregation durch Änderung der Reaktionsbedingungen entgegengewirkt werden. In den letzten Jahren wurden verschiedene Möglichkeiten entwickelt diese Schwierigkeiten zu verringern.

Harz und Lösungsmittelsysteme: Die Einführung polarer Lösungsmittel wie DMF, NMP, Pyridin oder DMSO anstelle von THF oder DCM ermöglicht verbesserte Ausbeuten und erhöht die Acylierungsgeschwindigkeiten.[135, 136] Durch neue Harze mit geringerer Beladungsdichte sowie PEG-Linkern mit besseren Quelleigenschaften konnte die Assoziationstendenz weiter verringert werden.[137, 138]

Schutzgruppen: Sterisch anspruchsvolle, hydrophobe Gruppen wie Trityl erhöhen die Gefahr von Aggregation. Dies lässt sich durch Einführung von kleineren und hydrophileren Schutzgruppen wie Acetamidomethyl (Acm) oder Trifluoroacetyl (Tfa) verringern.[139]

Kupplungsreagenzien und Additive: Verlängerung der Reaktionszeiten mit geeigneten Aktivierungsreagenzien wie PyBOP, TBTU oder HATU und Doppelkupplungen können die Ausbeuten verbessern. Eine weitere Möglichkeit ist die Verwendung chaotropischer Salze wie Lithiumsalze, $NaClO_4$, KSCN oder Harnstoffen.[140, 141] Eine Störung der Sekundärstruktur kann auch durch Zugabe von TFE oder HFIP erzeugt werden.[142, 143]

Rückgratschützung: Eine relativ neue Möglichkeit ist die Einführung von reversiblen *N*-Schutzgruppen am Rückgrat, wodurch die Bildung von Wasserstoffbrückenbindungen zwischen den Peptidketten verhindert wird. Bereits die Substitution jedes 5. oder 6. Amidprotons führt zu einer deutlichen Herabsetzung der Aggregation.[144, 145] Als gebräuchliche Schutzgruppen sind *N*-(2-Hydroxy-4-methoxybenzyl) (Hmb) und Dimethoxybenzyl (Dmb) zu nennen.[124, 146, 147]

Pseudoproline und Depsipeptide: Die von *M. Mutter* entwickelten Pseudoproline machen sich die Eigenschaft von Prolin zu Nutze, keine inter- und intramolekularen Wasserstoffbrückenbindungen auszubilden. Bei Pseudoprolinen handelt es sich um von Serin, Threonin und Cystein abgeleitete Oxazolidin- bzw. Thiazolidinderivate, welche unter den stark sauren Abspaltbedingungen die maskierte zweite Aminosäure freisetzen (s. Abb. 4.5).[148–150] Die wichtigste Eigenschaft dieser Dipeptide ist die Induktion eines Knicks in der Peptidstruktur und die damit verbundene Zerstörung höherer Strukturen. Dadurch wird ein maßgeblicher Grund für Aggregationsprobleme unterdrückt und die folgenden Aminosäuren lassen sich in guten Ausbeuten kuppeln. Der solvatisierende Effekt wirkt sich über etwa sechs Kettenglieder aus. Ein weiterer Vorteil der Pseudoproline ist die Einsparung mindestens eines Kupplungszyklusses, da beim finalen Entschützen die maskierte zweite Aminosäure freigesetzt wird, welche unter Umständen doppelt gekuppelt werden müsste.

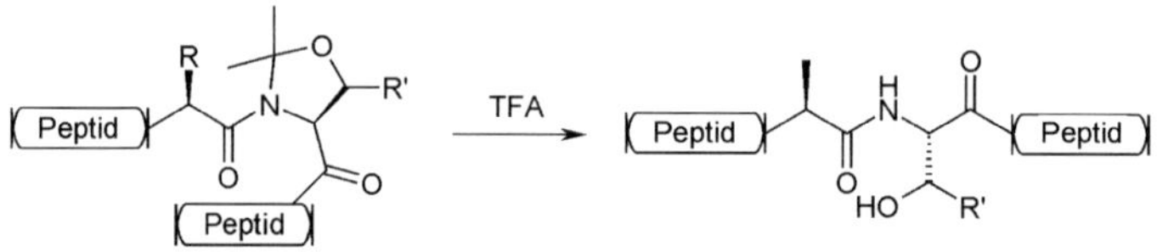

Abb. 4.5: Freisetzung der maskierten Aminosäuren unter den sauren Abspaltbedingungen.

Eine jüngere Methode, die ebenfalls darauf abzielt, entstehende β-Strukturen zu brechen, ist das Einführen von O-Acyl-Isopeptiden.[151] Durch diese Depsipeptide wird die wachsende Peptidkette über die β-Hydroxylgruppe eines Serin- oder Threoninrestes weitergeführt und somit ein Knick induziert. Zusätzlich verbessert die zusätzliche ionisierbare Position die Löslichkeit und erleichtert die Reinigung. Die Umwandlung in das Zielpeptid geschieht durch $O{\to}N$-Acylwanderung unter schwach basischen Bedingungen innerhalb weniger Stunden (s. Abb. 4.6).[152–154]

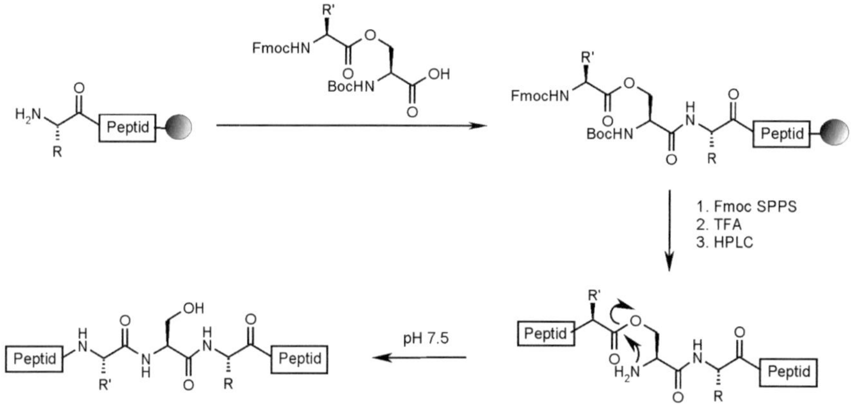

Abb. 4.6: Verwendung von Depsipeptiden in der SPPS und Bildung des Zielprodukts durch $O{\to}N$-Acyltransfer.

Äußerer Einfluss: Eine der einfachsten Methoden der Strukturbrechung ist das Erhöhen der Reaktionstemperatur.[155] Hierdurch wird ebenfalls eine verbesserte Ent-
schützungsausbeute erzielt.[156, 157] Nachteil ist allerdings die gestiegene Racemeri-
sierungsgefahr speziell bei Histidin und Cystein.[158]

In jüngerer Zeit wird weiterhin immer häufiger vom positiven Einfluss von Mi-
krowellenstrahlung auf die Solvatation der wachsenden Peptidkette berichtet.[158, 159]

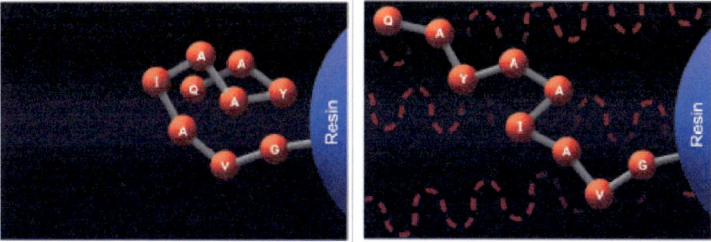

Abb. 4.7: Mikrowellenunterstützte Solvatisierung.[160] Der für Reagenzien unerreichbare *N*-
Terminus geht unter Mikrowelleneinfluss wieder in Lösung.

4.3 Synthese der Knotenproteine

Sämtliche in dieser Arbeit vorgestellten Mikroproteine wurde mit Hilfe der Fmoc-Synthesestrategie erhalten. Zum Einsatz kam jeweils eine Kombination aus manueller und automatisierter Festphasensynthese.

Die folgende Abbildung zeigt das MCoTI-II-Grundgerüst. Die *N*- und *C*-terminalen Modifikationen sind mit X bzw. Y gekennzeichnet:

H_2N-**Y** V C P K I L K K C R R D S D C P G A C I C R G N G Y C **X**-NH_2

a)   X = G

Y = G (**1**), SG (**2**), SDGG (**4**), SKKVG (**7**), Ala$^{(\beta-N3)}$G (**9**),

S$^{(2'-Propin)}$G (**11**), Ala$^{(\beta-N3)}$KKVG (**13**), S$^{(2'-Propin)}$KKVG (**15**)

b)   X = S$^{(2'-Propin)}$

Y = G (**17**), Ala$^{(\beta-N3)}$G (**19**), KKVG (**20**), Ala$^{(\beta-N3)}$KKVG (**22**)

4.3.1 Fmoc unterstützte Synthese der MCoTI-II-Varianten

Die Synthese von oMCoTI-II-Varianten ist durch verschiedene strukturelle Eigenschaften erschwert. Die Sequenz erfordert die racemisierungsfreie Kupplung von sechs Cysteinen, tendiert zur Aggregation und zu Löslichkeitsproblemen bei Kettenverlängerung und beinhaltet weiterhin mehrere als schwierige Sequenzen bekannte Aminosäureabfolgen (RGNYC, DSDC, GSGSDG).[7] Die Aggregation der wachsenden Kette wird durch die Länge und die ausgeprägte Neigung der Sequenz β-Faltblätter auszubilden sowie die große Anzahl aggregationsfördernder Aminosäuren begünstigt.

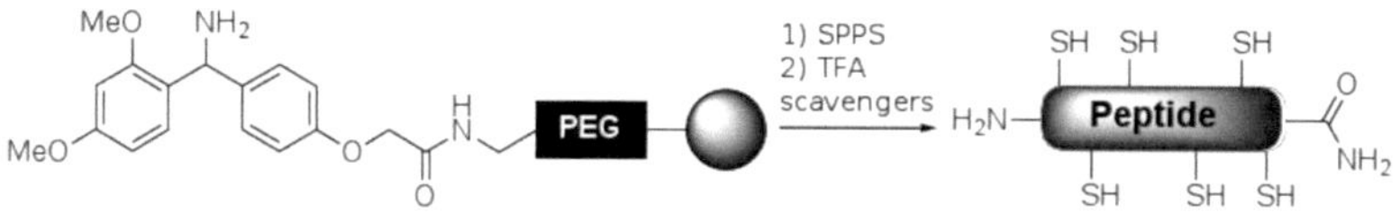

Abb. 4.8: Synthese der linearen Vorstufen an *NovaSyn* TGR Harz.

Um diese Syntheseprobleme zu überwinden, wurde das Standardprotokoll an einigen Punkten angepasst, um die MCoTI-II-Varianten zu erhalten. Von essentieller Bedeutung sind die Belegungsdichte und die Quelleigenschaften des verwendeten Harzes. Alle in dieser Arbeit dargestellten Mikroproteine sind an *NovaSyn* TGR Harz synthetisiert worden. Die niedrige Belegegungsdichte von etwa 0.2 mmol/g wirkt intermolekularer Interaktion entgegen und der PEG-Linker zwischen der PS-Matrix und dem Peptid ermöglicht eine ausreichende Quellung des Harzes.[131] Um das Auftreten von β-Strukturen zu unterdrücken, wurde das Pseudoprolin Fmoc-Asp(O-*t*-Bu)Ser($\psi^{Me,Me}$pro)-OH an Stelle der Aminosäuren Asparaginsäure 13 und Serin 14 eingesetzt, wodurch in der Kette ein Knick induziert wird der über etwa fünf bis sechs Aminosäuren vor Aggregation schützt. Weitere positive Effekte des Dipeptids sind die Verhinderung von Aspartatimidbildung sowie die Einsparung mehrerer Kupplungsschritte, da Asparaginsäure und Serin an dieser Position sonst doppelt gekuppelt worden wären. Um eine Racemisierung der sechs Cysteine zu vermeiden, wurde die Kupplung unter basenfreien Bedingungen wie auf Seite 31 beschrieben durchgeführt. Alle weiteren natürlichen Aminosäuren wurden unter Standardbedingungen mit HBTU/HOBt/DIPEA aktiviert und die Aminosäuren Arginin, Lysin, Asparagin, Tyrosin, Valin und Isoleucin wurden jeweils doppelt gekuppelt. Bei den nicht-proteinogenen, funktionalisierten Aminosäurebausteinen erfolgte die Aktivierung mit den stärkeren Aktivierungsreagenzien HATU/HOAt/NMM. Details zu den Reaktionen sind im Experimentalteil (s. Kapitel 9) zu finden.

4.3.2 Austausch der Trt-Schutzgruppe am Cystein durch Acm

Aufgrund der großen Anzahl von Cysteinen in der Mikroproteinsequenz ist anzunehmen, dass ein Ersetzen der sperrigen und hydrophoben Tritylgruppen durch eine kleine hydrophile Schutzgruppe wie Acm zu einer Verringerung der Aggregation und somit zu höherer Gesamtausbeute führt. Die Einführung einer zu TFA orthogonalen Schutzgruppe bedeutet allerdings mit dem Entschützen auch einen zusätzlichen Syntheseschritt.

Die Synthese der linearen Vorstufe des gefalteten Peptids **10** (s. Abb. 4.9) erfolgte nach Fmoc-SPPS an *NovaSyn* TGR Harz wie oben beschrieben, wobei das Cys(Acm) wie Cys(Trt) behandelt wurde. Nach Erreichen der letzten natürlichen Aminosäure zeigte eine Testabspaltung sehr gute Kupplungsergebnisse und es wurde *N*-terminal die nicht proteinogene Aminosäure *N*-Boc-L-Ala(β-azido)-OH (**44**) eingefügt. Die Abspaltung von der festen Phase wurde mit *Scavengern* in TFA-Lösung vorgenommen und die Rohproduktmischung anschließend durch Abdekantierung des zugegebenen Methyl-*tert*-butylether (MTBE) von den *Scavengern* befreit (vgl. AAV 7-8). Die Acm-Gruppen blieben von diesen Reaktionsbedingungen unberührt. Für das Entschützen der Cysteine ist eine der gängigsten Methoden die Reaktion mit Schwermetallionen wie Silber(I), Quecksilber(II) oder Thallium(III) in saurem Medium.[161–163] Die Abspaltung erfolgt durch Bildung eines sehr stabilen Metall-Schwefel-Komplexes. Das Metall wird anschließend mit einem sehr großen Überschuss an Thiol chelatisiert und entfernt. Problematisch an diesem Protokoll ist die zum Teil erhebliche Giftigkeit der Metallsalze, als auch die häufig unvollständige Entfernung des Metalls.[164] Weiterhin zeigten vorangegangene Syntheseversuche von *Avrutina et al.*, vermutlich aufgrund einer extrem stabilen Metall-Peptid-Komplexbildung, den Verlust von vier *N*-terminalen Aminosäuren.[165] Aus diesen Gründen wurde zur Entschützung die oxidative Methode mit Iod gewählt.[166] Im ersten Versuch wurde das Rohpeptid in 80%iger Essigsäure mit einem Überschuss Iod zur Reaktion gebracht. Nach Reaktion über Nacht konnten neben dem Edukt nur

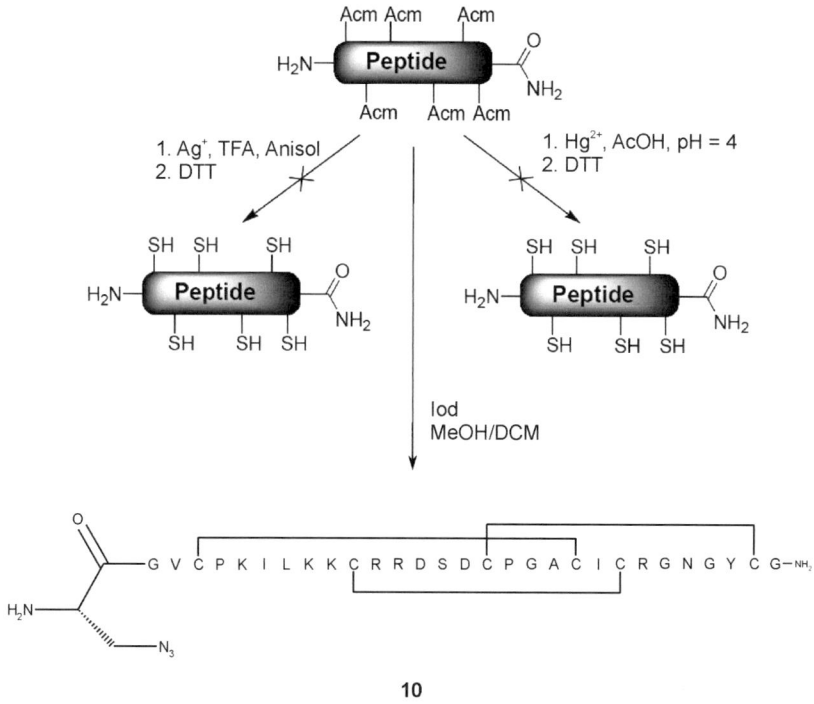

10

Abb. 4.9: Entschützungsmethoden für Acm-geschützte Peptide. Die Entschützung mit Metallsalzen im Sauren führt zum Verlust von vier *N*-terminalen Aminosäuren. Die Oxidation mit Iod in neutralem Medium erzeugte das entschützte und gefaltete Produkt.

einfach und zweifach entschützte Peptide massenspektrometrisch detektiert werden (s. Abb. 4.10). Daraufhin wurde 40%ige Essigsäure als Lösungsmittel verwendet. Unter diesen Bedingungen konnte das Produkt zwar erhalten werden, als Hauptprodukte zeigten sich jedoch selbst nach Reaktion über Nacht nur vier- und fünffach entschützte Peptide. Durch die bessere Ausbeute im weniger sauren Milieu wurde im nächsten Ansatz als Lösungsmittel das neutrale MeOH/DCM verwendet. Diese Reaktionsbedingungen erzeugten das vollständig entschützte Produkt als Hauptkomponente innerhalb von 2.5 Stunden, allerdings verlief das Entschützen auch hier nicht quantitativ (s. Abb. 4.11). Zur Aufarbeitung wurde mit dem vierfachen

Volumen Wasser verdünnt und das Iod solange mit DCM extrahiert bis keine Färbung mehr zu erkennen war. Die wässrige Phase wurde anschließend lyophilisiert und das Produkt **10** durch RP-HPLC erhalten.

Vorteil der oxidativen Methode ist die direkte Bildung von Cystinen, wodurch sich der synthetische Aufwand gegenüber der Faltung im schwach basischen wieder ausgleicht. Die hohe Reaktivität des Iods kann aber auch zu unerwünschten Nebenprodukten wie Dehydroalanin oder iodierten Seitenketten führen, weshalb die Reaktionsbedingungen für jede Sequenz neu optimiert werden müssen.[164] Abschließend konnte gezeigt werden, dass die Synthese von Mikroproteinen mit Acm-geschützten Cysteinresten eine mögliche Strategie darstellt. Bei schwierigen Sequenzen, welche ansonsten aus Aggregationsgründen nicht zugänglich sind, ist die Schützung von Cystein mit Acm insgesamt eine einfache und günstige Methode die problematischen Abschnitte zu überbrücken. Im Falle der in dieser Arbeit verwendeten MCoTI-II-Varianten stellt die Trt-Gruppe trotz ihrer negativen Eigenschaften im Hinblick auf die Hydrophobie und Größe kein essentielles Syntheseproblem dar und ermöglicht aufgrund der einfacheren Aufarbeitung eine höhere Gesamtausbeu-

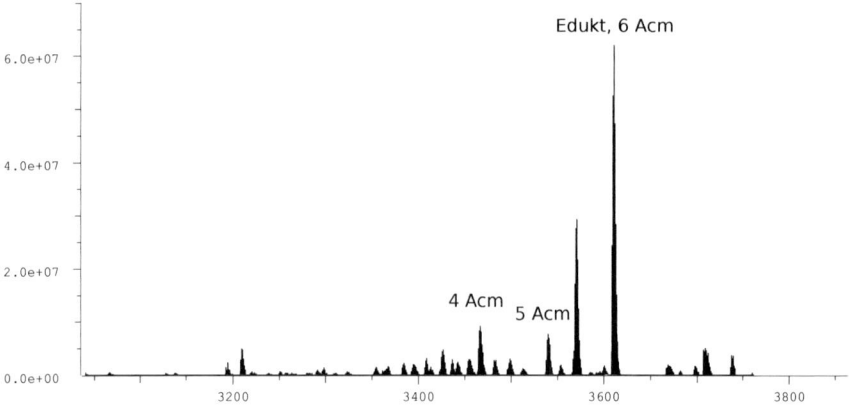

Abb. 4.10: Massenspektrum des Rohproduktes nach versuchter Entschützung mit einem Überschuss Iod in 80%iger Essigsäure. Nach 16 h stellt das Edukt den weitaus größten Anteil neben geringen Mengen der ein- und zweifach entschützten Spezies.

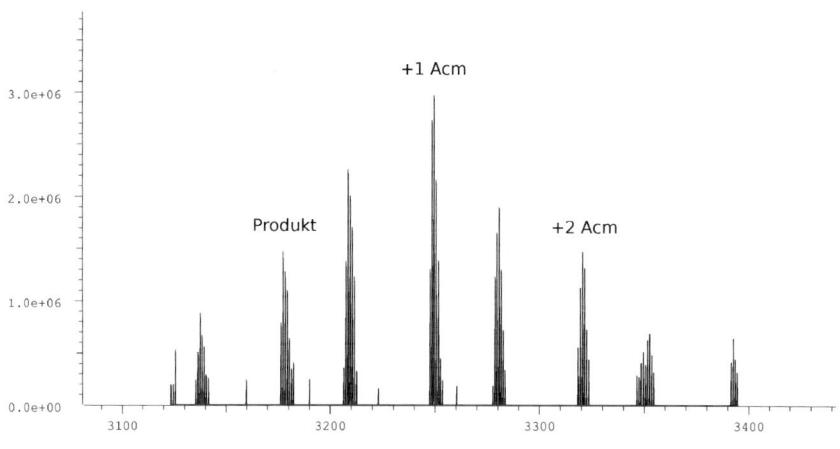

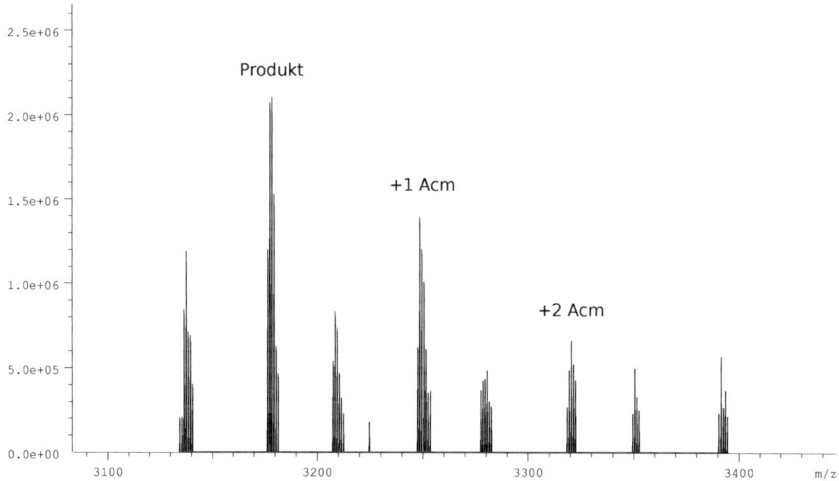

Abb. 4.11: Massenspektren der Acm-Entschützungsreaktionen im Vergleich.
Oben: Unvollständige Entschützung bei Reaktion über Nacht mit Überschuss Iod in 40%iger Essigsäure. Hauptprodukte sind vier- und fünffach entschützte Peptide.
Unten: Rohproduktsmassenspektrum nach 2.5 stündiger Reaktion des Edukts in MeOH/DCM mit Iod. Das entschützte, oxidierte Peptid ist bei einem Umsatz von knapp 90 % das Hauptprodukt.

te an gefaltetem Mikroprotein, weshalb für MCoTI-II-Sequenzen die Trt-Gruppe zu empfehlen ist.

4.3.3 Oxidative Faltung zum Cystinknoten

Die linearen Vorstufen der Cystinknoten-Miniproteine besitzen einen starken Antrieb sich zur oxidierten Spezies zu falten, so dass selbst bei kurzer Aufbewahrung in Wasser schon Spuren der gefalteten Miniproteine massenspektrometrisch nachzuweisen sind. Die gezielte Bildung des Cystinknotens lässt sich präparativ erreichen in dem das lineare Peptid für 24 Stunden in NH_4HCO_3-Puffer in einem PET-Container inkubiert wird. Glasgeräte können aufgrund der ausgeprägten Neigung der Sulfide sich an Glasoberflächen zu heften nicht verwendet werden. Nach RP-HPLC Reinigung der lyophilisierten Reaktionsmischung erhält man das korrekt gefalte Produkt, trotz insgesamt 15 verschiedener intramolekularer Bindungsmöglichkeiten, als Hauptkomponente.

5 Chemische Modifikation und Dimerisierung

5.1 Allgemeine Dimerisierungsmethoden

Eine von *Schmoldt et al.*[48] verfolgte Methode der Dimerisierung von Mikroproteinen ist die Verlinkung über die Aminofunktionen zweier Lysine.[167] Zu diesem Zweck wurden Mikroproteine synthetisiert, welche in der Sequenz nur ein einzelnes Lysin enthielten. Als Linker wurde Disuccinimidylsuberat (DSS), ein homobifunktionaler *N*-Hydroxysuccinimid-Ester gewählt, welcher mit primären Aminen zu einer Amidbindung unter Abspaltung von *N*-Hydroxysuccinimid reagiert. Da allerdings auch die *N*-terminale α-Aminogruppe mit DSS reagiert, wurde eine schwer trennbare Mischung aus Mono-, Di-, Tri-, und Tetrameren erhalten. Diese Technik kann aus diesen Gründen lediglich als *proof-of-concept*-Reaktion gelten, da die Lysine, speziell in der Inhibitor-Schleife, von essentieller Bedeutung für die Aktivität der Mikroproteine gegen Proteasen sind.

Eine weitere, mikrobiologische Dimerisierungsmethode stellt die Expression von zwei Mikroproteinsequenzen, verbunden über eine Polyglycinkette, durch *E. coli* dar. Fraglich ist hierbei die Ausbildung der korrekten Disulfidbrücken im oxidativen Faltungsprozess bei einem Vielfachen an Kombinationsmöglichkeiten. Weiterhin ist die Variation des Linkers auf natürliche Aminosäuresequenzen beschränkt. Weder die exakte Länge des Linkers, noch die Rigidität, welche aus energetischen

Gründen von besonderer Bedeutung ist, lassen sich ausreichend modifizieren. Auch die produktionsbedingte Beschränkung auf eine Verknüpfung vom *N*- zum *C*-Terminus grenzt den Anspruch des *rational Design* zu sehr ein.

5.2 Versuchte Dimerisierung durch Hydrazonbildung

Die erste Synthesestrategie sah die Verlinkung zweier Knotenproteine über einen Dihydrazid-Linker unter Hydrazonbildung vor. Der gewählte Linker Adipinsäuredihydrazid (ADH) sollte unter Wasserabscheidung mit den Aldehyd-funktionalisierten *N*-Termini der Knotenproteine reagieren. In vorangegangenen Arbeiten von *Avrutina et al.* wurde diese Kondensation unter basischen Bedingungen versucht.[165] Unter diesen Reaktionsbedingungen kommt es allerdings nicht zur gewünschten Dimerisierung, sondern zu einem intramolekularen Ringsschluss zwischen dem Aldehyd und der Aminogruppe einer benachbarten Lysinseitenkette (s. Abb. 5.1).

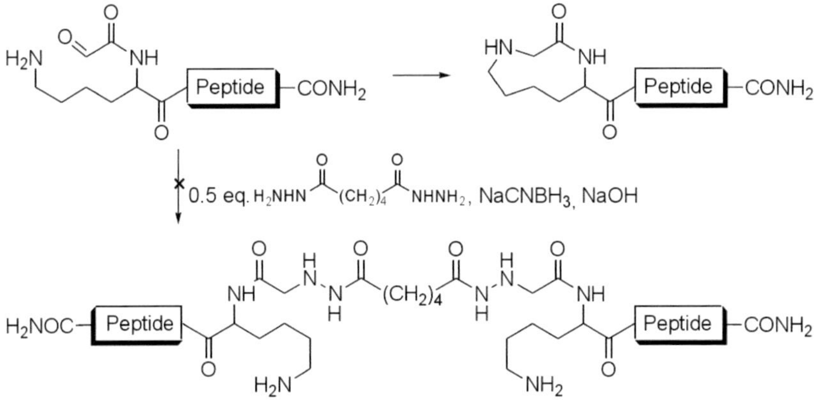

Abb. 5.1: Intramolekulare Ringsschlussreaktion als Nebenreaktion beim Versuch der Dimerisierung.

Um diese unerwünschte Nebenreaktion zu vermeiden, wurde zum einen der Abstand des *N*-terminalen Aldehyds zum nächsten Lysinrest erhöht, und zum ande-

ren auf basische Reaktionsbedingungen verzichtet, zumal die höchste Reaktionsgeschwindigkeit für Hydrazon-Reaktionen eher im leicht sauren pH-Bereich zu finden ist.[168, 169] Zum Versuch der Dimerisierung wurden mehrere Knotenproteine mit
verschiedenen *N*-terminalen Sequenzen, wobei als letzte Aminosäure immer Serin
gekuppelt wurde, synthetisiert. Der endständige Serinrest konnte wie in Abschnitt
5.2.2 beschrieben zum Aldehyd oxidiert werden. Das Aldehyd-funktionalisierte
Peptid wurde anschließend mit einem halben Äquivalent ADH in wässrigem MeOH
versetzt. Bei keinem Versuch, auch bei Reaktionsführung über Nacht konnte die
Bildung des gewünschten Dihydrazons oder wenigstens des Monohydrazons nachgewiesen werden. Das Monohydrazon bildete sich auch bei Zugabe eines 40-fachen
Überschusses von ADH nicht.

5.2.1 Synthese und Versuche mit einer Testsequenz

Um herauszufinden ob möglicherweise die Größe des Knotenproteins bzw. sterische Gründe für die niedrige Reaktionsgeschwindigkeit verantwortlich sind, wurde
die Testsequenz **25**, bestehend aus den vier *N*-terminalen Aminosäuren der MCoTI-
II-Variante, synthetisiert. Nach Oxidation des Serins zum Aldehyd **26** wurde ein
Überschuss ADH zugegeben um eine Hydrazon-Bildung zu erzielen. Allerdings
konnte auch bei dieser Testsequenz in keinem Fall, selbst bei erhöhter Konzentration des Peptids, eine Reaktion zum Hydrazon **27** herbeigeführt werden. Nach den
Misserfolgen mit der Testsequenz wurde diese Methode der Dimerisierung verworfen.

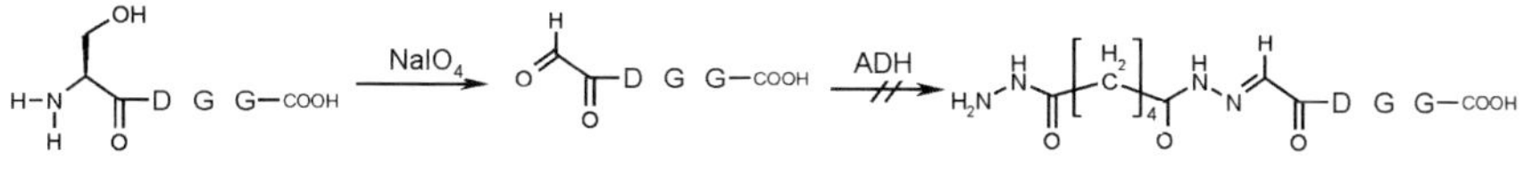

Abb. 5.2: Oxidation der Testsequenz zum Aldehyd und versuchte Hydrazon-Derivatisierung.

5.2.2 Selektive Periodatoxidation von *N*-terminalem Serin

Die selektive Oxidation von *N*-terminalen Aminosäuren welche über eine OH-Gruppe in β-Position verfügen (Serin, Threonin und Hydroxylysin), lässt sich effizient durch β-Aminoalkoholspaltung mit Natriumperiodat erreichen und ein *N*-terminaler Aldehyd erhalten.[170, 171] Als Nebenprodukte fallen bei der Oxidation Ammoniak und Formaldehyd an. Bei der Durchführung der Reaktion sind sowohl die Konzentration des Periodats so gering wie möglich, als auch die Reaktionszeit nur so lang wie nötig zu halten, da trotz der relativ hohen Selektivität auch andere Seitenketten oxidiert werden können.[172]

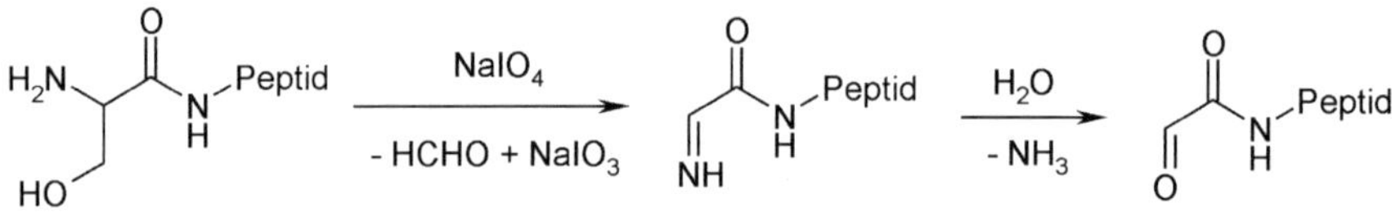

Abb. 5.3: Mechanismus der Oxidation eines *N*-terminalen Serins durch Periodat.

Die Oxidation des *N*-terminalen Serins wurde durch Zugabe von vier Äquivalenten $NaIO_4$ in 0.1 mM Phosphatpuffer zu dem ebenfalls in Phosphatpuffer bei pH 7 gelöstem Miniprotein eingeleitet und nach ca. 5 Minuten durch eine Glykollösung gequencht. Die Reaktionsmischung wurde sofort mittels RP-HPLC aufgetrennt und das Produkt isoliert.

5.2.3 Kinetische Betrachtung der Hydrazon-Bildung

Ende 2006 veröffentlichte die Gruppe um *Dawson* eine Arbeit in der die Gleichgewichtsbildung bei Hydrazon-Reaktionen untersucht wurde.[173] Demnach ist die Produktbildung bei unkatalysierter Reaktionsführung, selbst bei kürzeren als den von uns verwendeten Sequenzen und deutlich höherer Eduktkonzentration, so langsam, dass nach gut zehn Tagen erst weniger als 20 % Umsatz erzeugt wurden. Eine

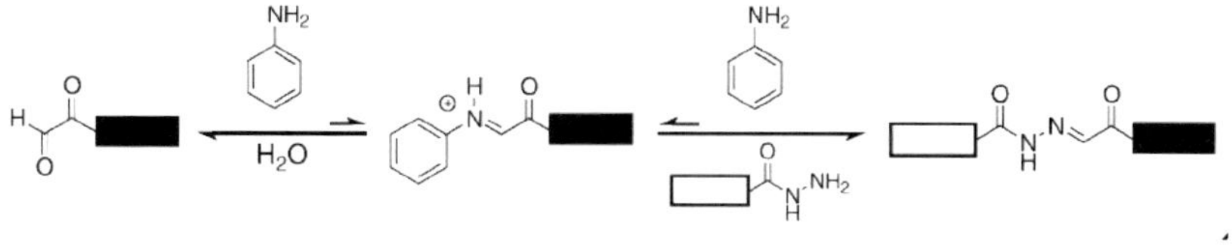

Abb. 5.4: Anilin katalysierte Hydrazon-Bildung.

Möglichkeit zur Beschleunigung der Gleichgewichtseinstellung ist die von *Dawson* beschriebene nucleophile Katalyse mit Anilin (s. Abb. 5.4). Die Reaktionszeit verringert sich dadurch auf einen Bruchteil der unkatalysierten Reaktion.

Diese Ergebnisse sind eine gute Erklärung für unsere erfolglosen Anstrengungen zur Hydrazonbildung. Bei der Größe der Knotenproteine hätte die Reaktionsdauer wahrscheinlich mehrere Wochen betragen und ist somit für eine präparative Dimerisierung ungeeignet. Die Möglichkeit der Katalyse durch Zugabe von Anilin war zum Zeitpunkt unserer Versuche noch nicht bekannt.

5.3 Versuche zur Staudinger Ligation

Die von den Arbeitsgruppen um *Raines* und *Bertozzi* beschriebene spurlose Staudinger-Ligation ist eine Weiterentwicklung der Staudinger-Reaktion eines Azides mit einem Phosphan zu einem Iminophosphan.[174–176] Bei der spurlosen Variante fungiert anschließend ein interner Thioester als Elektrophil, welches intramolekular mit dem Aza-Ylid zu einer nativen Amidbindung reagiert.

Zu dem Zweck der Verlinkung zweier Knotenproteine wurde das Phosphan **36** gewählt. Durch die Carboxylgruppe lässt sich **36** mit der freien Aminofunktion des *N*-Terminus unter Bildung eines Amids verbinden und anschließend durch Staudinger Ligation mit einem Azid-funktionalisierten zweiten Knotenprotein das Dimer erzeugen. Um eine Oxidation des Phosphor(III)-Atoms zu vermeiden wurde das Phosphan zu Beginn der Syntheseroute mit Boran geschützt (s. Abb. 5.6). Die Syn-

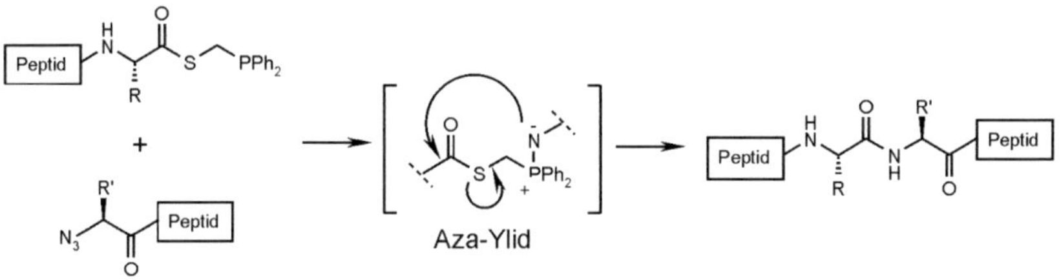

Abb. 5.5: Spurlose Staudinger Ligation zweier Peptide.

these begann mit der Schützung des Diphenylphosphans (**28**) durch Reaktion mit einem Boran-Dimethylsulfid-Komplex und direkter Umsetzung mit Formaldehyd zum Alkohol **29** ohne weitere Aufarbeitung. Nach Erzeugen einer Abgangsgruppe durch Veresterung mit Methansulfonsäurechlorid konnte das borangeschützte Acylphosphinothiol **31** nach nucleophiler Substitution mit Thioacetat erhalten werden. Eine weitere Methode den stabilen Komplex **31** darzustellen, war die Reaktion von borangeschütztem Diphenylphosphin mit dem Alkylierungsmittel **34** unter basischen Bedingungen. Die Synthese von **34** wurde durch Reaktion von Thioessigsäure **32** mit Formaldehyd zum Thioester **33** eingeleitet und nach nucleophiler Substitution mit Phosphortribromid abgeschlossen. Obwohl beide Syntheserouten sehr ähnliche Gesamtausbeuten erreichen, ist die letztgenannte Methode aus synthesetechnischen Gründen zu empfehlen, da nur eine Reaktion mit dem schwer handhabbaren Phosphin durchgeführt werden musste. Ausgehend von dem gut lagerfähigen Komplex **31** lassen sich beliebige Linkermoleküle durch Veresterung herstellen. Das Zielmolekül **36** sollte zunächst in einem einzigen Reaktionsschritt erzeugt werden, was jedoch nicht zum gewünschten Produkt führte, so dass in einem zweiten Versuch erst das freie Thiol **35** isoliert wurde und anschließend mit Succinsäureanhydrid verestert werden konnte.

Diese Synthesestrategie wurde letztlich aus mehreren Gründen zugunsten der „Click-Chemie" verworfen. Zum einen sind die Boran-geschützten Phosphane nicht kompatibel zur Festphasensynthese, wodurch die Kupplung des Phosphans in Lö-

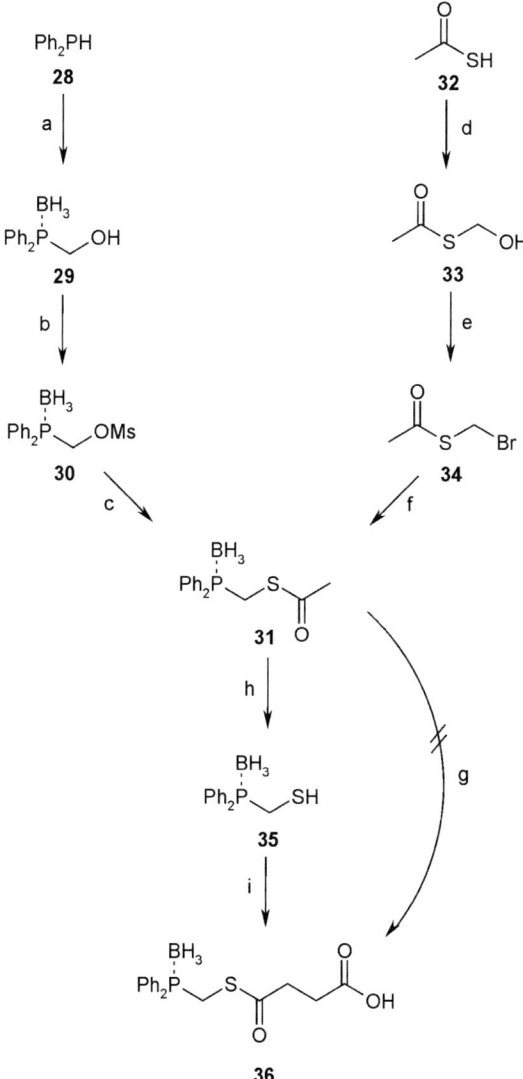

Abb. 5.6: Darstellung des ligationsgeeigneten Phosphan-Linkers.[177–180] a) 1. BH₃ × DMS, THF, 2. Formaldehyd/H₂O, KOH, 99 %; b) TEA, MsCl, DCM, 52 %; c) AcSH, Cs₂CO₃, DMF, 47 %; d) Formaldehyd, 85 °C, 64 %; e) PBr₃, 0 °C, 55 %; f) Ph₂PH–BH₃, NaH, DMF, 67 %; g) NaOMe, Succinanhydrid, DMF, 0 °C → RT, 0 %; h) 1 N NaOMe, 81 %, i) Succinanhydrid, DMF, 0 °C → RT, 78 %.

sung stattfinden muss und dementsprechend die Aminofunktionen der Lysinseitenketten zwingend orthogonal geschützt werden müssen. Diese Anforderungen bedeuten zusätzliche Reaktionsschritte in Lösung, mit den damit verbundenen Ausbeuteverlusten. Weiterhin ermöglicht diese Methode nur die Kupplung des Linkers an den *N*-Terminus und nicht an beliebiger Position im Peptid. Zum anderen konnte in einer *proof-of-concept*-Reaktion bereits die Toleranz der Knotenproteine für die Bedingungen der „Click-Chemie" nachgewiesen werden (s. Abschnitt 6.3) und die „Click-Chemie" im folgenden als Verknüpfungsmethode für Peptide angewandt.

5.4 Die Kupfer(I)-katalysierte 1,3-dipolare Zykloaddition

Die Kupfer(I)-katalysierte 1,3-dipolare Zykloaddition ist eine der wenigen Reaktionen, die den von *Sharpless et al.* formulierten Ansprüchen der „Click-Chemie" genügen.[181] Es handelt sich hierbei um eine Variante der Huisgen 1,3-dipolaren Zykloaddition von Aziden und Alkinen zur Bildung von 1,2,3-Triazolen. Während die thermische Reaktion eine Mischung aus 1,4- und 1,5-disubstituierten Triazolen liefert, entsteht bei Kupfer(I)-Katalyse ausschließlich das 1,4-disubstituierte Produkt. Von großem Vorteil für die Syntheseplanung ist die hohe Toleranz von Aziden und Alkinen gegenüber den meisten Bedingungen chemischer Synthese.[182] In der Regel können diese funktionellen Gruppen bei jeder günstigen Gelegenheit in das Molekül eingefügt werden und bleiben über alle folgenden Syntheseschritte unverändert.

Die Abbildung 5.7 zeigt den von *Fokin* und *Finn* vorgeschlagenen Mechanismus der katalysierten Reaktion.[183, 184] Ausgehend von der Beobachtung, dass interne Alkine keine Aktivität zeigen, wird angenommen, dass beginnend mit dem π-Komplex **a** zunächst die Cu^I-Acetylid-Spezies **b** gebildet wird. Während diese Reaktion in Wasser exotherm verläuft, ist in organischem Lösungsmittel die Zugabe einer Base notwendig. In dem anschließend entstehendem Dimer wird wahr-

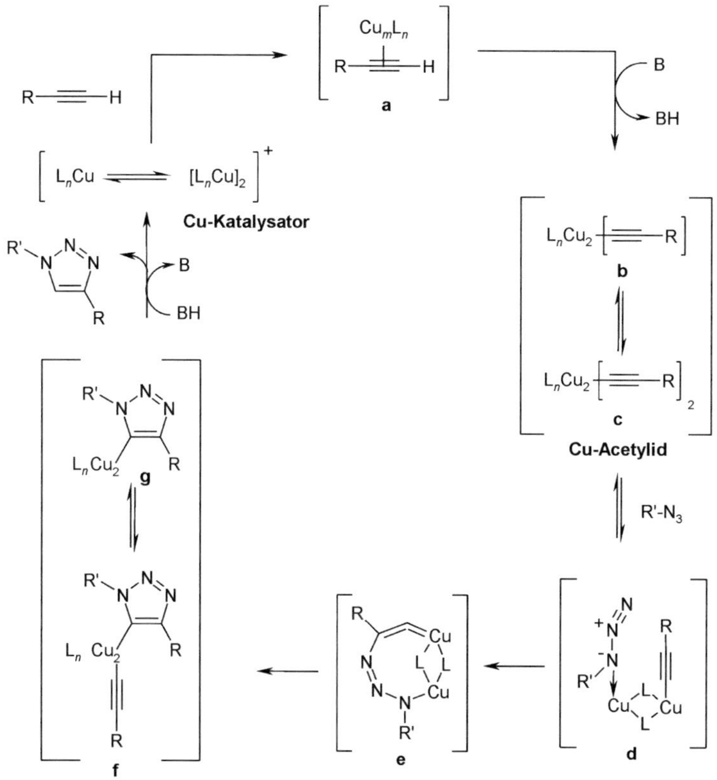

Abb. 5.7: Vorgeschlagener Mechanismus der Kupfer(I)-katalysierten 1,3 dipolaren Zykloaddition.[183–185]

scheinlich die Azid-Gruppe durch das zweite Kupferatom aktiviert und die Reaktivität aufgrund verringerter Elektronendichte erhöht.[186] Dieses Dimer reagiert durch nucleophilen Angriff zwischen C-4 und N-3 (Nummerierung entsprechend der Triazolnomenklatur) zum Metallozyklus **e**. Eine transannulare Verbindung des freien Elekronenpaars von N-1 mit dem C-5–Cu π^* Orbital ergibt das 1,4-disubstituierte Triazol. Anschließende Protonierung mit dem Lösungsmittel oder der protonierten Base beendet die Reaktion und regeneriert den Katalysator.

5.5 Synthese der Aminosäure-Bausteine und Reaktanden

5.5.1 Synthese modifizierter Aminosäuren

Eine der für die „Click-Chemie" benötigte Funktionalitäten ist die terminale Alkingruppe. Bei dem Design eines für die Peptidsynthese geeigneten Aminosäure-Bausteins müssen einige Voraussetzungen erfüllt sein. Zum einen muss die Funktionalisierung über die Seitenkette erfolgen, um einen Einbau an beliebiger Position in der Sequenz zu ermöglichen. Zum anderen darf der Abstand zum Rückgrat nicht zu kurz sein, da die Alkingruppe in der Kupfer(I)-katalysierten Zykloaddition eine zentrale Rolle spielt. Bei einer zu kurzen Seitenkette bestünde die Gefahr, dass die Bildung des initialen Cu-Acetylids aus sterischen Gründen gehindert ist. Gleichzeitig sollte die Seitenkette nicht zu unpolar sein und eine Aggregation des Harzes begünstigen.

Das Serinderivat **39** erfüllt die Anforderungen in ausreichendem Maße. Die Synthese erfolgt mittels nucleophiler Substitution. Mit zwei Äquivalenten Natriumhydrid werden sowohl die Carboxylgruppe als auch die Hydroxylgruppe des Boc-Serins (**37**) deprotoniert und das Nucleophil erzeugt. Aufgrund der höheren Nucleophilie der γ-Position gegenüber dem Carboxylat ergibt die Alkylierung mit Propargylbromid das gewünschte Produkt **38** in guter Ausbeute von 89 %. Um den Bau-

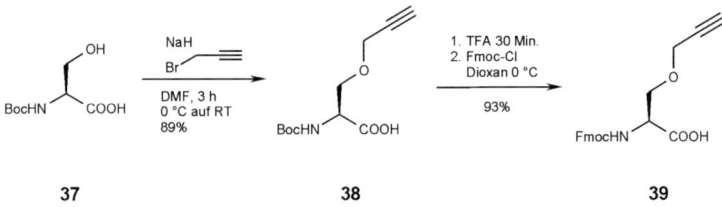

37	**38**	**39**

Abb. 5.8: Synthese einer Alkin-funktionalisierten Aminosäure.

stein allerdings an beliebiger Position in das Peptid einbauen zu können, musste die Boc-Schutzgruppe durch die Fmoc-Gruppe ersetzt werden. Hierzu wurde mit TFA entschützt und dann entweder das entstandene TFA-Salz ohne weitere Aufarbeitung mit Fmoc-Cl umgesetzt, oder es wurde zunächst mit dem Kationaustauscherharz *Amberlyst A-21* die freie Aminogruppe erzeugt (**38b**) und nach anschließender Fmoc-Schützung das Produkt **39** erhalten.

Die zweite zur „Click-Chemie" benötigte Funktionalität ist die Azidgruppe. Die Synthese von *N*-Fmoc-L-Lys(ϵ-azido)-OH (**41**) erfolgte über die Kupfer(II) katalysierte Diazotransfermethode nach *Wong et al.*[187] Mit dieser Reaktion kann nach Boc-Entschützung von **40** das freie Amin direkt in das entsprechende Azid umgewandelt werden. Die Reaktionsbedingungen sind auch kompatibel zur Fmoc-Gruppe, nachteilig ist allerdings die stark schwankende Ausbeute.[188]

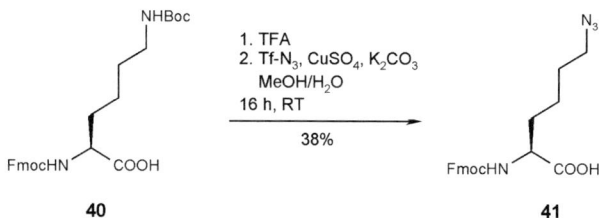

Abb. 5.9: Synthese einer Azid-funktionalisierten Aminosäure mit langer Seitenkette.

Diese Aminosäure wurde im Rahmen der Diplomarbeit von *T. Plass* nach der Arndt-Eistert Methode zur β-Form umgewandelt und in ein zyklisches β-Tripeptid (**54**) eingebaut.[188] Dieses β-Tripeptid diente in dieser Arbeit als Linker für Mikroproteine (s. Kapitel 5.6).

Als ein für den *N*-terminalen Einbau in Peptidsequenzen geeigneter Aminosäure-Baustein wurde die Aminosäure **44** gewählt. Der erste Syntheseschritt war die Bildung des Lactons **43** unter Mitsunobu Bedingungen[189] in sehr guten Ausbeuten mit

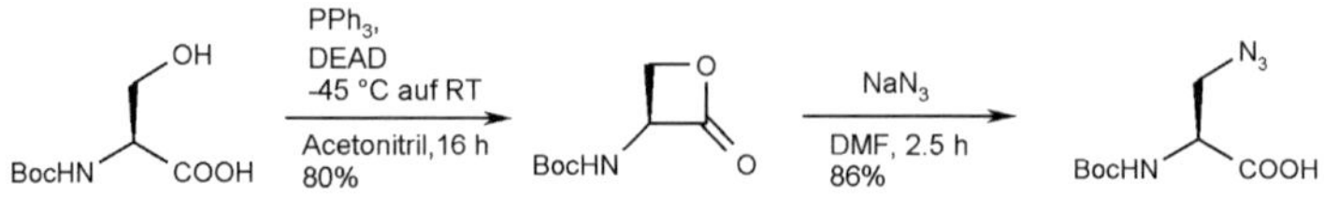

Abb. 5.10: Synthese einer Azid-funktionalisierten Aminosäure mit kurzer Seitenkette.

anschließender Ringöffnung durch NaN$_3$ in DMF. Die optisch reine Aminosäure konnte nach 2.5 h Reaktionszeit in 86%iger Ausbeute erhalten werden. Da die Azid-Funktionalität *N*-terminal in die Peptidkette eingebaut wurde, ist keine Umschützung zur Fmoc-Gruppe nötig. Die Boc-Gruppe ist orthogonal zu den Kupplungsbedingungen und die Aminogruppe wird beim Abspalten der Sequenz vom Harz freigesetzt.

5.5.2 Synthese von Linkermolekülen

Um den Abstand der beiden Inhibitor-Schleifen in dimeren Inhibitoren variieren zu können, wurden Linker mit unterschiedlichen Eigenschaften in Bezug auf Funktionalität, Länge, Flexibilität und Polarität eingesetzt.

Der für die Reaktion mit dem Ala(β-azido)-Baustein alkinylfunktionalisierte Linker **46** wurde in mäßiger Ausbeute durch nucleophile Substitution dargestellt. Hierzu wurde zunächst Propargylalkohol mit Natriumhydrid unter Kühlung deprotoniert und dann langsam zum Dibromid **45** gegeben.

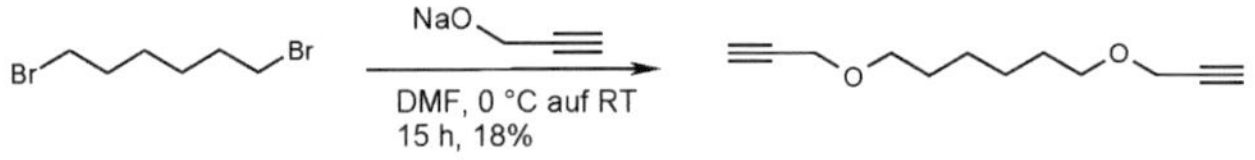

Abb. 5.11: Synthese eines Alkin-funktionalisierten Linkers.

Der einfachste für die Verknüpfung zweier Knotenproteine mittels „Click-Che-

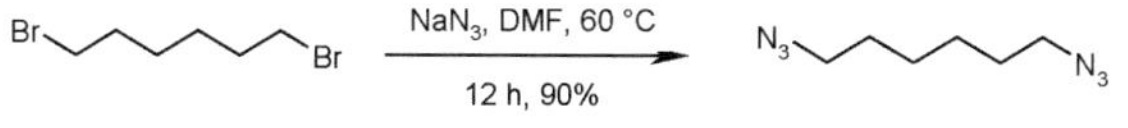

Abb. 5.12: Synthese eines Azid-funktionalisierten Linkers.

mie" dargestellte Linker ist das Diazid **48**. Die Verbindung konnte durch nucleophile Substitution des Broms mit Azid bei erhöhter Temperatur von 60 °C über Nacht
in guten Ausbeuten erhalten werden.

Einen weitereren Diazid-Linker stellt die Verbindung **50** dar. Die Synthese erfolgte analog zu **48** mit einer Ausbeute von 77 %. Gegenüber **48** ist dieser Linker
um zwei CH_2-Gruppen verlängert und bietet den Kopfgruppen im Dimer somit
mehr Flexibilität.

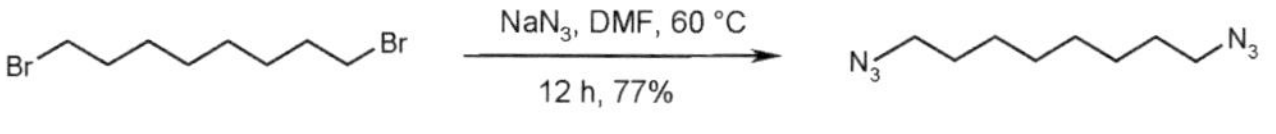

Abb. 5.13: Synthese eines verlängerten Azid-funktionalisierten Linkers.

Als Beispiel für einen starren Linker wurde das Diazid **53** dargestellt. Die direkte Synthese aus dem Diol **51** mit $PPh_3(N_3)_2$ führte allerdings nicht zum gewünschten Produkt, so dass der Umweg über das Dibromid **52** genommen wurde.
Dieses konnte durch Reaktion mit Triphenylphosphin und Brom bei −20 °C erhalten werden. Im letzten Syntheseschritt wurde erneut Natriumazid als Nucleophil
zur Substitution des Broms eingesetzt und das Produkt in mäßiger Ausbeute von
34 % gewonnen. Die unerwartet niedrige Ausbeute ist mit der geringen Stabilität

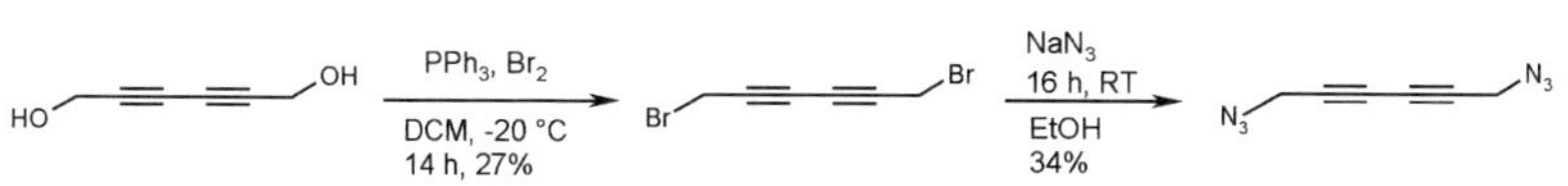

Abb. 5.14: Synthese eines linearen Azid-funktionalisierten Linkers.

des Moleküls zu erklären. So konnte schon bei der säulenchromatograpischen Reinigung eine Braunfärbung der Produktfraktion beobachtet werden. Weiterhin zeigte das NMR-Spektrum der frisch gereinigten Substanz ein sauberes Singulett, während eine NMR-Messung nach drei Tagen, trotz Lagerung bei –27 °C, schon eine ganze Reihe Signale ergab, was auf eine signifikante Zersetzung des Moleküls hindeutet. Aufgrund der Explosionsgefahr müssen Hitze und starke Erschütterungen bei dieser Verbindung vermieden werden.[190]

In Dimerisierungexperimenten mit dem linearen Linker 1,6-Diazido-hexa-2,4-diin (**53**) konnten allerdings über die Monomere **64** und **65** hinaus keine Triazolverknüpften Knotenproteine erzeugt werden. Auch die Synthese der entsprechenden Monomere **64** und **65** gelang nur mit vergleichsweise schwachen Ausbeuten zwischen 26 und 31 % (s. Kap. 5.7). Für diese Beobachtung ist wahrscheinlich die zu geringe Stabilität des Dialkinazids bei Raumtemperatur verantwortlich, so dass dieser Linker für die Dimerisierung von Knotenproteinen unbrauchbar erscheint. In nachfolgenden Arbeiten sollten daher thermodynamisch günstigere lineare Gerüste verwendet werden.

Einen besonders interessanten Linker stellt Verbindung **55** dar. Hierbei handelt es sich um ein mit einem Fluorophor markierten, zyklisches β-Tripeptid, welches mit zwei Azid-funktionalisierten Seitenketten als Linker in dimeren Molekülen eingesetzt werden kann. Ein erster Syntheseversuch erfolgte in DMF mit neun Äquvalenten Collidin als Base. Es konnte jedoch auch nach Reaktion über Nacht keine Produktbildung nachgewiesen werden. Bei einem zweiten Versuch wurde Na_2CO_3 als Base eingesetzt. Unter diesen Reaktionsbedingungen in wässrigen DMF reagierte die freie Aminofunktion des β-Tripeptids **54** mit dem FITC zum gewünschten Thioharnstoff. Die Reaktionsmischung färbte sich nach Zugabe der Base sofort unter Wärmeentwicklung leuchtend orange. Aufgrund der starken Färbung der Verbindung wurden die produktführenden Fraktionen in der HPLC-Reinigung bei 495 nm detektiert. Um einer Zersetzung des Produktes vorzubeugen wurde das in

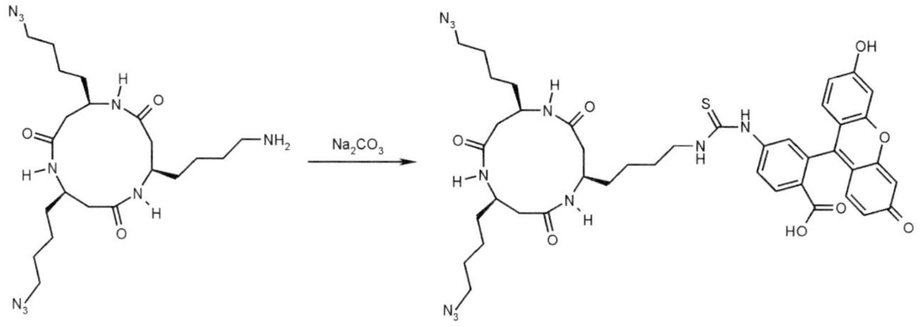

54   55

Abb. 5.15: Synthese eines Fluorophor-markierten Linkers durch Thioharnstoffbildung.

einer Ausbeute von 73 % erhaltene Produkt sofort lyophilisiert und vor Licht geschützt aufbewahrt.

5.5.3 Synthese der Additive

Wärend die meisten „Click"-Reaktionen kleiner Moleküle bereits nach wenigen Stunden beendet sind, ist die Reaktionszeit der funktionalisierten Knotenproteine mit mehreren Tagen sehr hoch. Bei kurzer Reaktionsdauer kann die Reaktion in Gegenwart von Wasser und Luftsauerstoff bei Zugabe von Reduktionsmitteln wie z. B. Natriumascorbat ablaufen. Das Reduktionsmittel reduziert die durch Sauerstoff oxidierte inaktive Kupfer(II)-Form solange in die katalytisch aktive Kupfer(I)-Spezies zurück, bis es letztlich verbraucht ist. Bei kurzen Reaktionszeiten sind keine weiteren Maßnahmen zum Schutz gegen Sauerstoff nötig. Im Falle der Knotenproteine ist die Reaktionszeit allerdings deutlich länger als die Halbwertszeit der Kupfer(I)-Ionen in Lösung und auch eine Zugabe von Reduktionsmitteln ist ohne messbaren Effekt auf die Produktbildung.

Aus diesen Gründen ist es notwendig die Reaktionsbedingungen und die Reagenzien so anzupassen, dass die Konzentration an Kupfer(I)-Ionen über mehrere Tage auf ausreichend hohem Niveau bleibt. Zu diesem Zweck wurde mit CuIP(OEt)$_3$ (**58**)[191] eine neue Kupfer(I)-Quelle dargestellt (s. Abb. 5.16). Im Gegensatz zu anderen beschriebenen, in organischen Lösungsmitteln gut löslichen Kupferkomplexen, ist das Kupferiodidtriethylphosphit weiterhin ausgesprochen luftstabil und besonders einfach zu synthetisieren.[192] Die Darstellung erfolgte durch Zugabe von Kupfer(I)iodid (**56**) zu einer Lösung aus Triethylphosphit (**57**) in Toluol und anschließendem Erhitzen auf 80 °C bis zum Ausfallen eines farblosen Feststoffes. Nicht reagiertes Kupfer(I)iodid wurde durch Filtrieren über Celite abgetrennt und das Lösungsmittel entfernt. Der Reinstoff konnte mittels Umkristallisation aus Toluol erhalten werden. Aufgrund beschriebener Lichtempfindlichkeit sollte die Lagerung und die Reaktionen mit dem Komplex in der Dunkelheit stattfinden.

Für die „Click-Chemie" mit Knotenproteinen wurden die Reaktionsbedingungen um einen Kupfer(I)-stabilisierenden Liganden erweitert. Obwohl der Katalysprozess auf diese Liganden nicht angewiesen ist, kommen sie in den letzten Jahren bei „Click"-Reaktionen immer häufiger zum Einsatz. Die Verwendung von Liganden bringt zwei entscheidende Vorteile mit sich, zum einen sind die entstehenden Kupfer(I)-Komplexe deutlich weniger oxidationsempfindlich, zum anderen wird die benötigte Menge Katalysator auf bis zu ein Zehntel des Wertes ohne Ligand gesenkt.[185, 193] Eine möglichst geringe Kupferkonzentration ist bei Reaktionen mit Peptiden besonders wichtig, da Kupferionen potentiell in der Lage sind, Peptidbindungen zu spalten.[194]

Bei dem bis heute effektivsten Liganden handelt es sich um das *Tris*-(benzyltriazolylmethyl)amin (TBTA) **61**. Dieser vierzähnige Ligand umschließt das Kup-

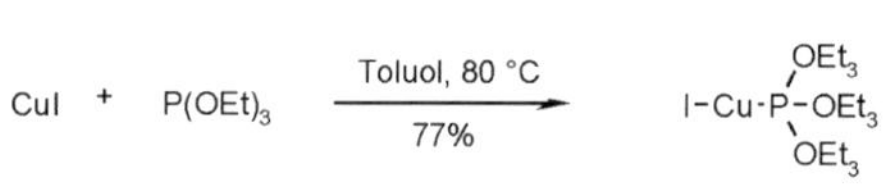

Abb. 5.16: Synthese des Kupferiodidtriethylphosphits.

fer(I)-Zentrum vollständig und verhindert dadurch destabilisierende Wechselwirkungen. Die hohe Effizienz von TBTA ist in dem Zusammenspiel des tertiären Amins und den drei Triazolringen begründet. Während das sterisch gehinderte, basischere Amin mit dem freien Elektronenpaar die Elektronendichte am Metallzentrum erhöht und damit die Katalyse beschleunigt, verringern die Triazolringe die Oxidationsgefahr für das Kupfer(I)-Ion und sind dabei labil genug die Bildung des Kupfer(I)-Acetylid/Ligand-Komplexes zuzulassen.[193]

Der erste Syntheseschritt zur Darstellung von TBTA ist die Synthese von Benzylazid **60**. Hierzu wurde Benzylchlorid **59** mit Natriumazid in DMF über Nacht umgesetzt und das Produkt **60** in einer Ausbeute von 66 % erhalten (s. Abb. 5.17). Die drei Triazolringe des TBTAs wurden anschließend mittels „Click-Chemie" geknüpft.[195] Der Katalysator wurde in diesem Fall durch Reduktion von Kupfer(II)-Ionen mit Natriumascorbat erzeugt. Die Reaktion ergab das Produkt **61** in guter Ausbeute von 86 %.

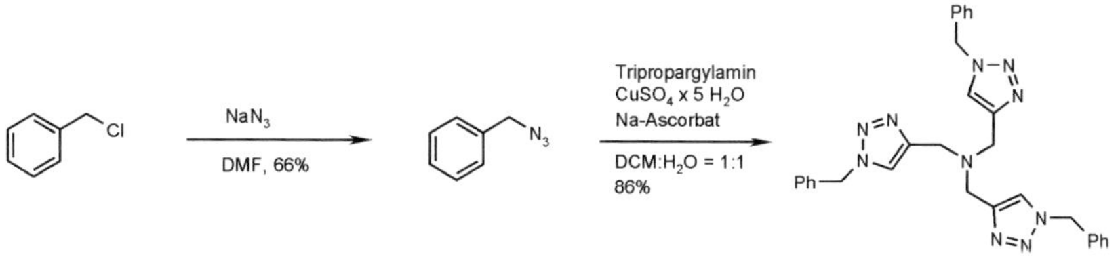

59   **60**   **61**

Abb. 5.17: Syntheses von *Tris*-(benzyltriazolylmethyl)amin.

5.6 „Click-Chemie" zur Dimerisierung von Mikroproteinen

Die chemische Synthese von dimeren Mikroproteinen gelang mit Hilfe der Kupfer(I)-katalysierten 1,3 dipolare Zykloaddition nach Huisgen (s. Abs. 5.4). Der Vorteil dieser Methode gegenüber anderen Techniken ist die Möglichkeit eine Verknüpfung an beliebiger Position und Reihenfolge vornehmen zu können. Die dazu benötigten funktionalisierten Peptide wurden mit den in Abschnitt 5.5 vorgestellten Aminosäuren nach dem Fmoc-Syntheseprotokoll dargestellt und über verschiedene Linkermoleküle verknüpft.

Der Anteil der Veröffentlichungen zum Thema „Click-Chemie" verdoppelt sich seit dem Jahr 2000 etwa jährlich. Dementsprechend groß und uneinheitlich sind auch die beschriebenen Reaktionsbedingungen. Sie reichen von einfachen Kupfer(II)/Kupferdraht Synproportionierungssystemen in Wasser, bis hin zu komplexen Kupfersalzen mit stabilisierenden Liganden in trockenen, organischen Lösungsmitteln unter Inertgasatmosphäre.[196, 197]

Um eine für die Dimerisierung von Knotenproteinen geeignete Synthesevorschrift zu entwickeln, wurden eine ganze Reihe von Reaktionsbedingungen getestet. Alle wichtigen Parameter, angefangen mit der Kupfer(I)-Quelle über Reduktionsmittel, Liganden, Lösungsmittelsysteme, Basen bis hin zur Intergasatmosphäre sind in Testreaktionen untersucht worden. Die getesten Variablen sind in der folgenden Liste aufgezählt:

- **Kupfer(I)-Quelle**: Cu^{II}/Cu^0, Cu^{II}/Na-Ascorbat, CuI, CuIP(OEt)$_3$

- **Base**: keine Base, DIPEA, Na$_2$CO$_3$, 2,6-Lutidine

- **Ligand**: kein Ligand, TBTA

- **Lösungsmittelsystem**: Wasser/t-BuOH (versch. Verhältnisse), MeCN/THF (versch. Verhältnisse), MeCN/Wasser 9:1, DCM/Wasser 2:1, DMF

• **Atmosphäre**: Luft, Argon

• **Reaktionszeiten**: 1–7 Tage

Die wässrigen Lösungsmittelgemische zeichnen sich durch hervorragende Lösung der Reagenzien aus, so dass hier relativ hohe Konzentrationen erreicht werden können. Allerdings ist die Halbwertszeit der katalytisch aktiven Kupfer(I)-Ionen in Gegenwart von Sauerstoff zu kurz, um die Reaktion zu ermöglichen. Auch die Verwendung des TBTA-Liganden führte hier zu keiner Verbesserung. Insgesamt konnte mit wässrigen Systemem in keinem Versuch das Produkt erhalten werden, woraufhin zu organischen Lösungsmitteln und inerten Atmosphären übergegangen wurde.

Die als Kupfer(I)-Quelle verwendeten Systeme aus Kupfer(II)-Salz und Reduktionsmittel führten ebenfalls zu keiner Produktbildung. Selbst bei Zugabe des TBTA-Liganden, durch den die benötigte Menge Kupfer(I) noch einmal um etwa den Faktor 10 herabgesetzt wird, war keine Reaktion zu beobachten. Dies ist möglicherweise mit der zu langen Reaktionszeit zu begründen, indem nach Verbrauch des Ascorbats keine Kupfer(I)-Ionen mehr gebildet werden und somit keine Reaktion mehr katalysiert werden kann. Gegen die Verwendung von Kupfer(II)-Systemen spricht weiterhin erstens die literaturbekannte latente peptidzerstörerische Wirkung[194] sowie die Beobachtung, dass nach kurzer Reaktionszeit nur das Edukt, nach mehreren Tagen allerdings weder Edukt noch Produkt nachweisbar waren. Aus diesen Gründen wurden in anschließenden Versuchen nur noch Kupfer(I)-Salze als Katalysatorquelle eingesetzt. Als besonders gut geeignet für organische Lösungsmittel erwies sich das Phosphit $CuIP(OEt)_3$ mit seiner guten Löslichkeit und Stabilität.

Während der Kupfer-Alkin-π-Komplex eine Verringerung des pK_a-Wertes in wässrigen Lösungen um bis zu 9.8 pH-Einheiten bewirkt, wodurch die Bildung des Kupferacetylids exotherm verläuft, ist in organischen Lösungsmitteln die Zugabe einer Base zur Deprotonierung der Alkingruppe nötig. Die in der Literatur am häufigsten genannte Base ist das DIPEA, diese Base wurde aufgrund besserer Ergebnisse allerdings im Verlauf der Synthesen durch 2,6-Lutidine ersetzt.

Die erste erfolgreiche Dimerisierung eines Knotenproteins mittels Linker gelang mit CuI als Katalysator, den Basen DIPEA und 2,6-Lutidine (1:1) in MeCN/THF (5:1) unter Argonatmosphäre in einer Ausbeute von 43 %. Die Ergebnisse dieser Dimerisierung sind in weiteren Versuchen nur schwer zu reproduzieren gewesen, und bei Nichtgelingen konnte das Edukt nur selten in geringen Mengen reisoliert werden, was auch im Rahmen der Diplomarbeit von *T. Plass*[188] bestätigt wurde. Möglicherweise sind für diese Beobachtung wieder entstandene freie Kupfer(II)-Ionen verantwortlich.

Dieses Syntheseproblem konnte durch den Einsatz von TBTA gelöst werden. Zum einen wurde dadurch die Oxidationsrate des Katalysators erheblich gesenkt, und zum anderen durch die geringere Kupfermenge die Quantität der potentiellen Kupfer(II)-Ionen verringert. Weiterhin wurde trockenes DMF als Lösungsmittel verwendet, wodurch aufgrund der guten Löslichkeit der Knotenproteine in höheren Konzentrationen gearbeitet werden konnte. Ein wichtiger Indikator für das Gelingen der Reaktion ist hier die Farbe der Lösung. Die anfangs farblose, klare Lösung erhält über Nacht eine schwach hellblaue Farbe, nach spätestens fünf weiteren Tagen verfärbt sich die Mischung zunächst gelb und letztlich braun. Die Reaktion sollte vor dem zweiten Farbumschlag beendet werden, da in keinem Fall aus einer gelb/braunen Lösung das Produkt oder Edukt erhalten werden konnte. Die optimierten Reaktionsbedingungen sind in dem folgenden Schema dargestellt:

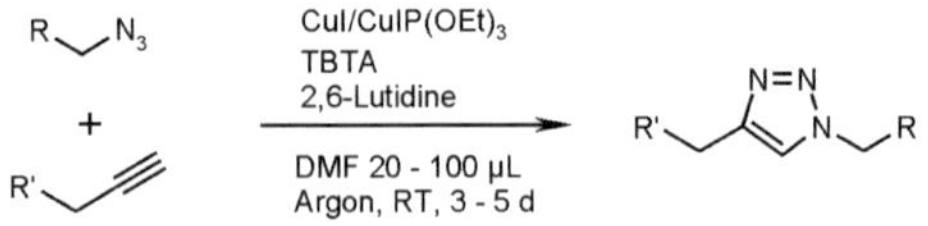

Abb. 5.18: Optimierte Reaktionsbedingungen für die „Click-Chemie" mit Knotenproteinen. Wichtig ist die Verwendung wasserfreier Reagenzien und entgastem DMF.

5.7 Synthese dimerer Knotenproteine als bivalente Proteaseinhibitoren

Einige Mikroprotein-Dimere wurden durch direkte Umsetzung mit 0.5 Äquivalenten Linker erzeugt. In den meisten Fällen erwies es sich jedoch als vorteilhaft, zunächst das Monomer durch Reaktion mit einem Überschuss Linker zu synthetisieren. Das gereinigte Monomer wurde anschließend mit einem zweiten Äquivalent Mikroprotein versetzt und reagierte Kupfer(I)-katalysiert zum Dimer. Die beiden Syntheserouten sind in Abbildung 5.19 dargestellt. Die Methode A entspricht der Knüpfung der beiden Triazolringe in einem einzigen Reaktionsschritt, bei der Methode B wurde zunächst das Monomer erzeugt und dieses anschließend mit einem zweiten Knotenprotein verbunden. Für die direkte Dimererisierung wurde das Peptid mit einem halben Äquivalent Linker zur Reaktion gebracht. Von praktischer Schwierigkeit ist es in diesem Fall, das genaue Eduktverhältnis im Sub-Milligramm Bereich einzuhalten. Vorteil der zweiten Vorgehensweise ist die Möglichkeit hier zumindest bei der Synthese des Monomers einen großen Überschuss des Linkers einsetzen zu können und nur im anschließenden Dimerisierungsschritt eine präzise Stöchiometrie zwischen Knotenprotein und linkerverlängertem Monomer einhalten zu müssen.

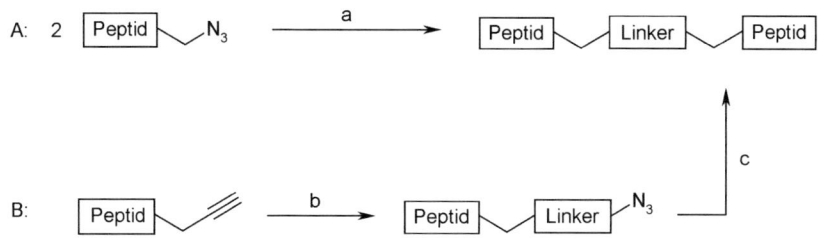

Abb. 5.19: Die zwei verwendeten Synthesemethoden zur Dimerisierung.
a) CuI, DIEA, 2,6-Lutidine, 0.5 Äq. Linker, THF/MeCN 1:5
b) CuI/CuIP(OEt)$_3$, TBTA, 2,6-Lutidine, >5 Äq. Linker, DMF (20 – 100 μL)
c) CuI/CuIP(OEt)$_3$, TBTA, 2,6-Lutidine, 1 Äq. Peptid, DMF (20 – 100 μL)

Die Synthese der Monomere wurde mit den in Kapitel 5.6 beschriebenen, optimierten Reaktionsbedingungen durchgeführt und ist in Abschnitt 9.4.4 detailiert beschrieben sowie in der folgenden Abbildung schematisch dargestellt:

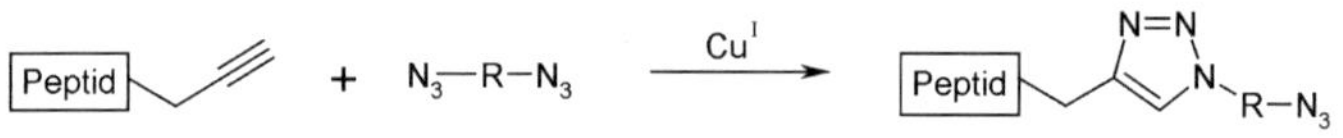

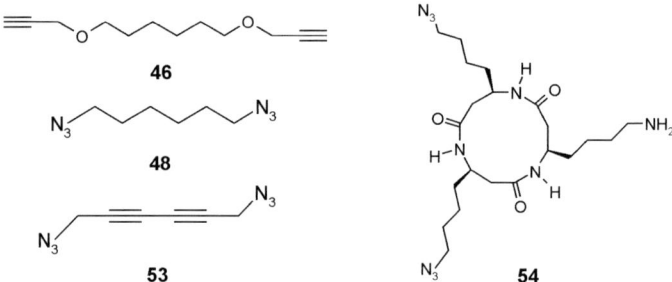

Abb. 5.20: Schema der „Click"-Monomer-Synthese.

Das Peptid, der TBTA-Ligand und die Kupfer(I)-Quelle, sowie der peptidische Linker **54** bei der Synthese der Monomere **66** und **67**, wurden in einem Eppendorfgefäß vorgelegt und unter Argonatmosphäre mit einer Lösung von 2,6-Lutidine und, im Falle der Monomere **62**, **63**, **64** und **65**, dem entsprechendem Linker, in trockenem, entgastem DMF versetzt und 3–5 Tage bei Raumtemperatur zur Reaktion gelassen. Die Reaktion wurde anschließend durch Zugabe einiger Tropfen Wasser beendet und das Lösungsmittel am Lyophilisator entfernt. Die wasserlöslichen Verbindungen wurden mittels RP-HPLC getrennt, die produktführenden Fraktionen mit Dioxan versetzt und erneut lyophilisiert. Insgesamt wurden im Verlauf der Methode B sechs verschiedene Monomere dargestellt, wobei der flexible Linker **48**, der lineare Linker **53** und der peptidische Linker **54** (s. Abb. 5.21) jeweils *N*- und *C*-Terminal auf das MCoTI-II-Gerüst aufgebracht wurden (s. Abb. 5.22).

Abb. 5.21: Die zur Knotenproteinderivatisierung eingesetzten Linker.

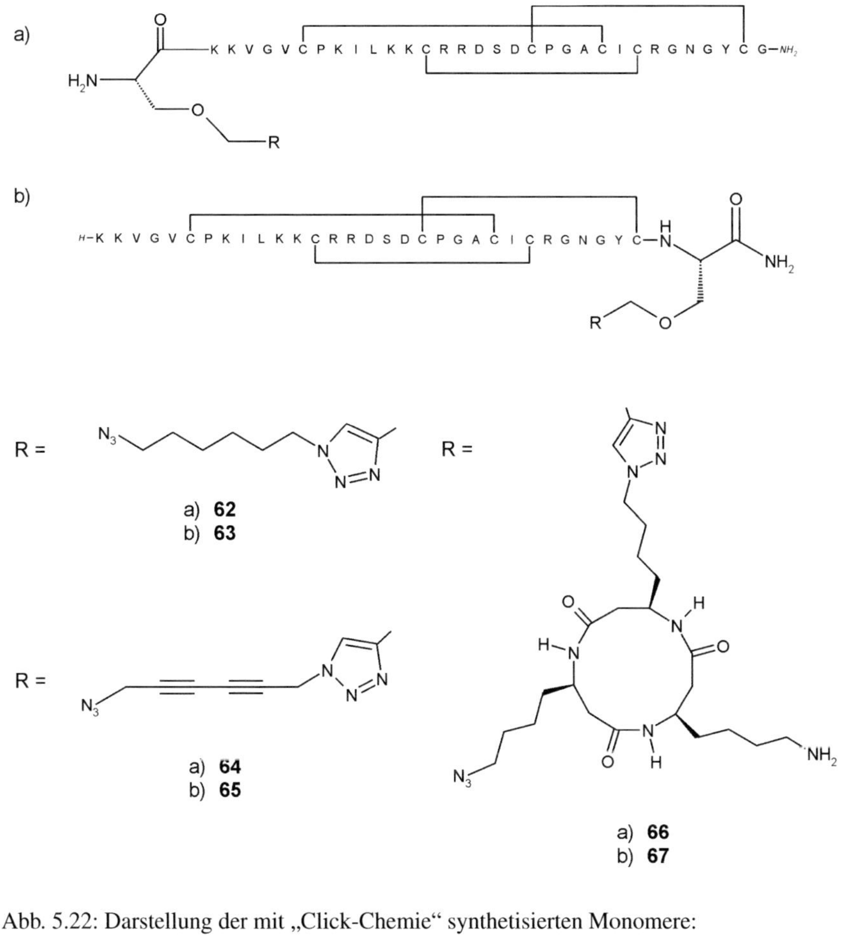

Abb. 5.22: Darstellung der mit „Click-Chemie" synthetisierten Monomere:
oMCoTI^{KKV}-*N*-hexanazid–Monomer (**62**),
oMCoTI^{KKV}-*C*-hexanazid–Monomer (**63**),
oMCoTI^{KKV}-*N*-1-Azido-hexa-2,4-diin–Monomer (**64**),
oMCoTI^{KKV}-*C*-1-Azido-hexa-2,4-diin–Monomer (**65**),
*Cyclo*Tri-oMCoTI^{KKV}-*N*–Monomer (**66**),
*Cyclo*Tri-oMCoTI^{KKV}-*C*–Monomer (**67**)

Synthese der Dimere

Nach der in Abbildung 5.19 beschriebenen Methode A konnten die Dimere **68** und **69** synthetisiert werden. Hierzu wurde das jeweilige Peptid mit der Kupfer(I)-Quelle in trockenem MeCN gelöst und unter Schutzgasatmosphäre mit einer Lösung von 0.5 Äquivalenten des Linkers **46** und den Basen DIPEA/2,6-Lutidine in THF versetzt. Nach einer Reaktionszeit von 7 d wurden die wasserlöslichen Produkte mittels RP-HPLC gereinigt und die Dimere erhalten. Da diese Methode nur sehr unzuverlässig zum Erfolg führte, wurden alle weiteren Dimerisierungen nach dem verbesserten Protokoll (s. Abb. 5.18) und der Methode B dargestellt. Die im ersten Schritt (**b**) synthetisierten Monomere wurden unter den beschriebenen Reaktionsbedingungen mit einem Äquivalent Knotenprotein zur Reaktion gebracht. Durch anschließende RP-Chromatographie konnten die in Abbildung 5.23 gezeigten Knotenproteindimere nach Lyophilisation als farblose, voluminöse Feststoffe erhalten werden.

Zu beachten ist, dass aus Gründen der Reaktionskinetik bei der Methode B von Alkin- zu Azid-funktionalisierten Linkermolekülen gewechselt wurde. Dies ist darin begründet, dass die katalysierte Zykloaddition mit der Bildung des Kupferacetylids beginnt, welches nachfolgend mit dem Azid reagiert (s. Abb. 5.7, Seite 52). Da in der Methode B im ersten Reaktionsschritt allerdings ein Überschuss des Linkers eingesetzt wird, ist die Wahrscheinlichkeit einer erfolgreichen Zykloaddition deutlich höher wenn die Aktivierung direkt am Knotenprotein stattfindet.

Die Wahl des jeweiligen Linkers verleiht dem Knotenproteindimer für die Inhibition der Tryptase wichtige Eigenschaften. Die mit den Linkern **46** bzw. **48** verbrückten Dimere **68**, **69** und **70** (s. Abb. 5.23) besitzen eine sehr hohe Flexibilität, wodurch die beiden Inhibitorschleifen in der Lage sein sollten, sich entsprechend den katalytischen Triaden auszurichten und das Enzym bifunktional zu hemmen.

Um eine andere, sehr interessante Verknüpfungsgeometrie handelt es sich bei dem zyklischen β-Tripeptid **54**. In den damit verlinkten Knotenproteindimeren **71**

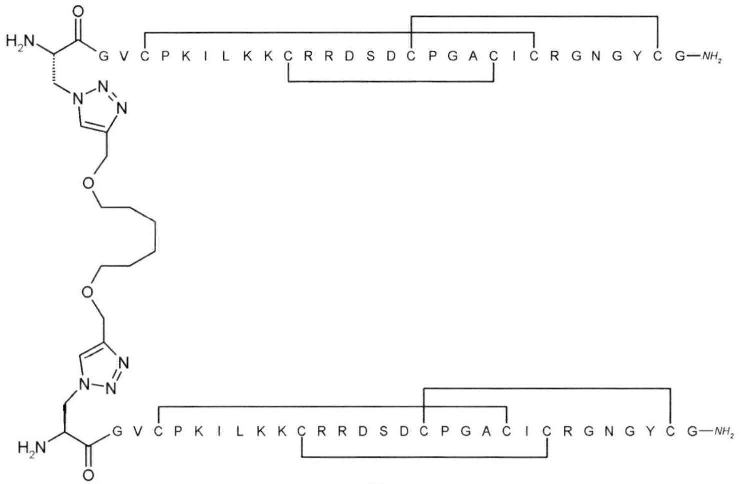

68

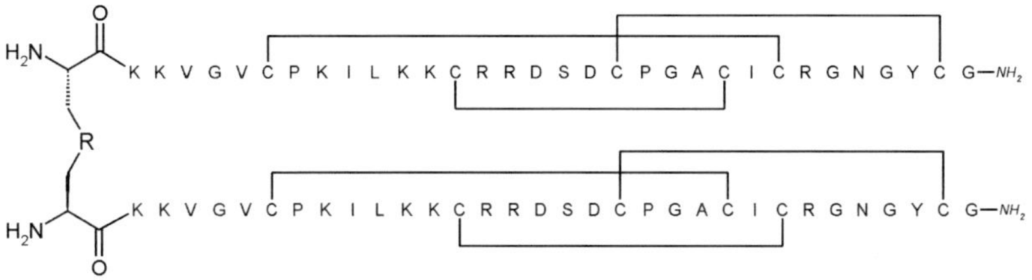

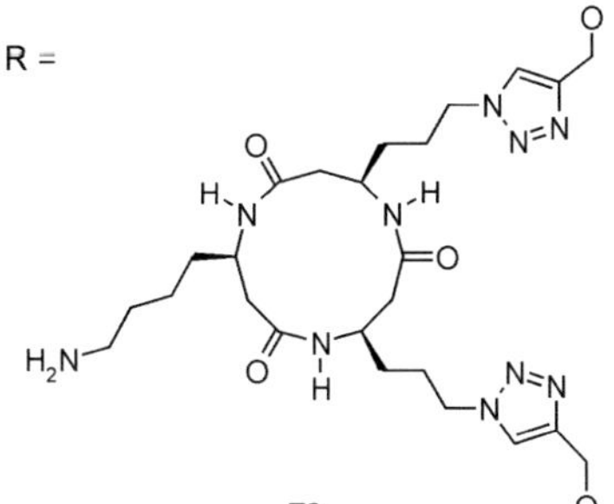

72

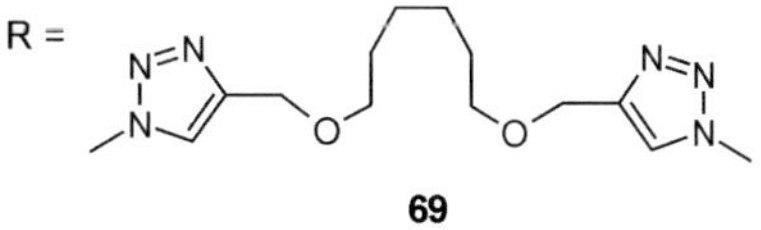

69

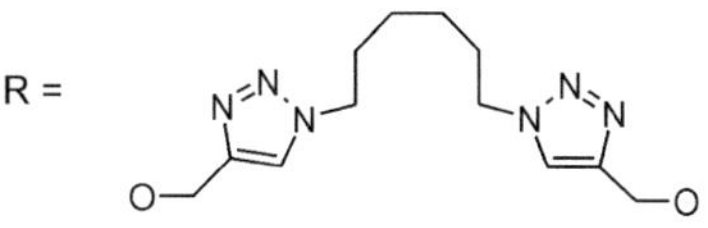

70

Abb. 5.23: oMCoTI^{N3}-Dimer (**68**),
oMCoTI^{N3KKV}-Dimer (**69**),
oMCoTI$^{S(2'-Propin)KKV}$-Dimer (**70**) (s. auch Abb. 11.1),
*Cyclo*Tri-MCoTI^{KKV}-(*N*-*N*)-Dimer (**72**)

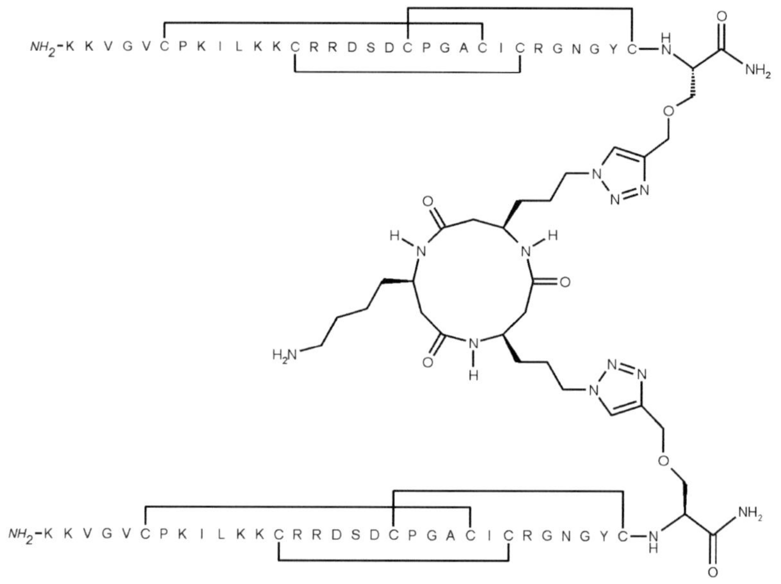

71

Abb. 5.24: *Cyclo*Tri-MCoTI^{KKV}-(*C-C*)-Dimer (**71**)

und **72** sind die beiden Mikroproteine nicht mehr völlig frei beweglich, sondern in einem Winkel deutlich kleiner als 180° angeordnet, wodurch infolge der geringeren Anzahl Freiheitsgrade ein entropisch günstigerer Zustand erreicht wird und die Hemmung daher thermodynamisch bevorzugt werden sollte. Weiterhin sind diese zyklischen β-Tripeptide aufgrund intermolekularer Wasserstoffbrückenbindungen in der Lage, höhere Aggregate auszubilden, was im Falle einer Inhibition aller vier Tryptasemonomere durch zwei bifunktionale Inhibitoren einen zusätzlichen stabilisierenden Effekt ausüben könnte.

In nachfolgenden Arbeiten könnte die bifunktionale Hemmung der Tryptase anhand dieses zyklischen β-Tripeptids verstärkt werden, indem die Rigidität des Gerüsts bzw. der Flanken der tatsächlichen Geometrie des Tryptase-Inhibitor-Komplexes weiter angepasst wird.

5.8 Weiterführende Experimente

5.8.1 Arbeiten zur Fluorophor-Markierung

In diesem Teil wurden Vorarbeiten im Hinblick auf einen fluorophormarkierten Tryptaseinhibitor geleistet. Bei einem der bewährtesten Fluorophore handelt es sich um das Phthalein Fluorescein.[198] Die Standardmethode zur Einführung der fluoreszierenden Gruppe ist die Verwendung des reaktiven Derivates Fluoresceinisothiocyanat (FITC), welches mit seiner Isothiocyanatgruppe leicht mit nuclephilen Gruppen wie der *N*-terminalen- oder einer Seitenketten-Aminogruppe von Peptiden unter Enstehung von Thioharnstoffen reagieren kann. Die Markierung eines Inhibitors sollte dabei über die noch freie dritte Flanke des zyklischen β-Tripeptids **54** stattfinden. Hierzu wurde das FITC mit dem Linker **54** unter basischen Bedingungen zum entsprechenden Thioharnstoff **55** umgesetzt (s. Seite 58). Das Ziel ist es, mit Hilfe eines solchen Linkers fluorophormarkierte Inhibitoren zu erhalten, welche nach Enzymhemmung fluoreszenzmikroskopisch detektiert werden können.

Ein solcher Inhibitor würde aufgrund seiner sehr hohen Spezifität für β-Tryptase beispielsweise ein sehr aussichtsreicher Kandidat für die Labordiagnostik im Rahmen von allergischen Reaktionen darstellen. Da der aktuelle Standardtest *UniCAP*, ein Fluoreszenz-Immunoassay, nicht selektiv auf die β-Tryptase, sondern auf die Gesamt-Tryptase inklusive der α-Tryptase anspricht[199, 200] würde ein selektiver Test eine attraktive Weiterentwicklung zur Diagnose von Mastozytosen[201] darstellen.

Für die Verknüpfungreaktion von Linker und Knotenprotein wurden die für die Synthese von Monomeren etablierten Bedingungen angewendet. Allerdings konnte in keinem Versuch das gewünschte Produkt erhalten werden.

Das Scheitern dieser Reaktion kann in der Anwesenheit von Thioharnstoff im Fluorophor-Linker begründet liegen. Mehrere Gruppen berichten von der Ausbildung stabiler Thioharnstoff-Komplexe in Gegenwart von Kupferionen, wobei die Affinität von Thioharnstoff zu Kupfer(I)-Ionen besonders stark ist und einen erheb-

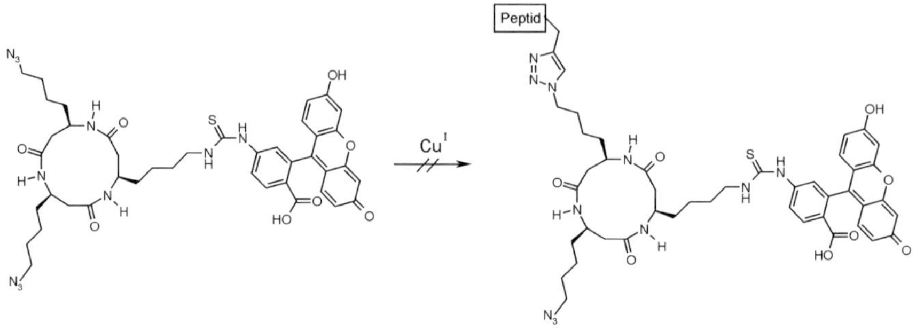

55   **74**

Abb. 5.25: Versuchte Verknüpfung von Knotenprotein mit einem Fluorophor markierten Linker.

lichen Einfluss auf die Redoxaktivität des Kupfers hat.[202–204] Weiterhin berichtet die Gruppe von *Little* sogar von regelmäßiger Zersetzung des Thioharnstoffs und Bildung von elementarem Schwefel in Gegenwart von Kupfer(I)-Ionen.[205] Diese unerwünschten Nebenreaktionen konnten leider auch nicht durch den Einsatz von TBTA unterdrückt werden. Eine Erhöhung der Kupfermenge kommt wegen der Gefährdung der Peptide und letztlich auch des Linkers nicht in Frage.[194,206] Zusammengefasst ist diese Art der Fluorophormarkierung mit der Verbindung der Moleküle mittels „Click-Chemie" nicht kompatibel zueinander und in nachfolgenden Versuchen sollte die Markierung über eine unempfindlichere Bindung stattfinden.

5.8.2 Arbeiten zur oxidativen Verknüpfung

Bei einem gelegentlich auftretenden Nebenprodukt der „Click-Chemie" in wässrigen Systemen handelt es sich um das sogenannte *Oxidative Dimer*.[207] Bei diesen *Oxidativen Dimeren* sind zwei der bei der 1,3-dipolaren Zykloaddtition entstandenen Triazolringe über die C-5-Positionen miteinander verknüpft und ergeben damit ein vierfach funktionalisiertes Molekül (s. Abb. 5.26). Eine Möglichkeit diese Tetramere als Hauptprodukt zu erhalten, stellt die Verwendung von Carbonaten als Base dar.

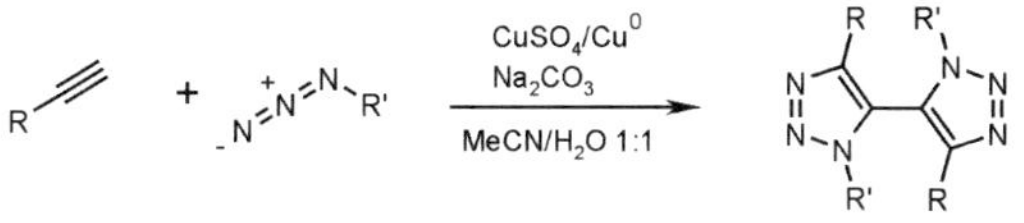

Abb. 5.26: Oxidative „Click-Chemie" zur Erzeugung von vierfach funktionalisierten Molekülen.[207]

Die Versuche zur Erzeugung tetramerer Knotenproteine durch oxidative Dimerisierung unter den in Abbildung 5.26 beschrieben Reaktionsbedingungen führte in keinem Fall zum gewünschten Produkt und auch das Edukt konnte nicht reisoliert werden. Hierfür sind wahrscheinlich die Verwendung eines Kupfer(II)-Salzes mit seiner potentiell peptidzerstörerischen Wirkung sowie die zwingend geforderte Reaktionsführung an Luftatmosphäre verantwortlich. Eine Anpassung an die in Abschnitt 5.6 genannten Reaktionsbedingungen ist aus zwei Gründen nicht möglich. Erstens würde der Luftsauerstoff das Kupfer(I) in relativ kurzer Zeit zum inaktiven Kupfer(II) oxidieren, und zweitens ist die Verwendung des Kupfer(I)-stabilisierenden Liganden TBTA hier nicht möglich, da eine Koordination des Kupfer(I) an Amine die oxidative Verknüpfung der Triazole vollständig unterdrückt.[207] Die geringe Löslichkeit von Carbonaten in DMF könnte hier ebenfalls ein Problem darstellen. Diese Syntheseschwierigkeiten machen eine Tetramerisierung durch oxidative „Click-Chemie" mit Knotenproteinen leider unmöglich.

6 Zyklisierungstrategien für Mikroproteine

Die meisten vorkommenden Proteine sind lineare Abfolgen von Aminosäuren, welche durch Faltung eine spezifische dreidimensionale Struktur einnehmen. Die Zahl der entdeckten Proteine, welche zusätzlich anhand einer Peptidbindung zwischen den Termini zyklisiert sind, hat sich in den letzten Jahren stark erhöht. Unter den echten Genprodukten stellen die pflanzlichen Zyklotide die größte Gruppe der natürlichen Proteine mit geordneter Struktur dar.[208, 209] Obwohl bis heute weder die Funktion der Zyklisierung, noch deren natürlicher Mechanismus vollständig verstanden ist, scheint das geschlossene Rückgrat auf die CCK-Proteine einen stabilisierenden Einfluss zu haben.[25] Weitere Auswirkungen dieses Strukturmerkmals sind die Verringerung konformationeller Freiheitsgrade und die daraus resultierende oftmals höhere Bindungsaffinität sowie eine gesteigerte Rezeptorspezität. Im Hinblick auf eine pharmakologische Verwendung ist die Resistenz gegen Exoproteasen von besonderer Bedeutung.

6.1 Allgemeine Zyklisierungsmethoden

In der Peptidchemie wurden in den letzten Jahren verschiedene Methoden zur Zyklisierung von linearen Aminosäureketten entwickelt.[106, 108, 210] Zu den Methoden der Verknüpfung über die Seitenketten von Aminosäuren gehören folgende Techniken:

- Ein Zyklus wird durch eine Disulfidbrücke zwischen zwei thiolgruppentragenden Aminosäuren (Cystein, Homocystein) gebildet.

- Ein Makrolactam kann durch eine amidische Bindung zwischen Glutaminsäure- Asparaginsäure- und Lysinseitenketten gebildet werden.

- Aufbau von Lactonen oder Thiolactonen zwischen Aminosäuren mit Carboxyl- und Hydroxyl- oder Mercaptofunktion.

- Die Ausbildung von Ethern oder Thioethern zwischen Aminosäuren mit Hydroxyl- oder Mercaptofunktion.

- Olefinbildung durch Ringschlussmetathese

Zu den Methoden der Rückgratverknüpfung zählen:

- Zyklisierung durch intramolekulare *Native Chemical Ligation*. Hierfür wird ein *N*-terminales Cystein und ein *C*-terminaler Thioesterrest im linearen Peptid benötigt.[211,212]

- Zyklisierung eines vollständig geschützten Peptids durch Aktivierung der Aminofunktion mit Standardaktivierungsreagenzien.

- Zyklisierung durch Bildung von reaktiven Thiolactonen mit anschließender Acylmigration, bekannt als Thia-Zip-Methode.[210]

- Eine Zyklisierung am Harz wird ermöglicht durch das Binden der *C*-terminalen Aminosäure über die Seitenkette (Asp, Asn, Gln, Glu, Lys, Ser, Tyr). Zu Beachten ist die erhöhte Gefahr der Racemisierung.[213,214]

- Zyklisierung mittels induzierter Staudinger Ligation. Die verwendete Methode gelingt mit ungeschützten Peptiden und kommt ohne Cystein zur Bildung der Amidbindung aus.[215] Bisher konnten allerdings nur kurze Sequenzen in mäßigen Ausbeuten zwischen 20 und 36 % zyklisiert werden.

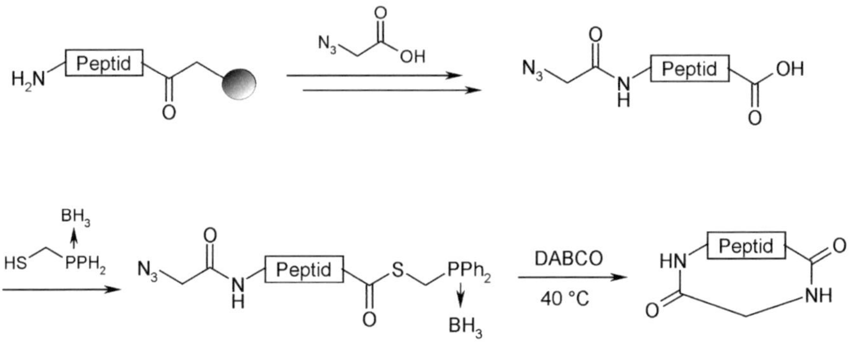

Abb. 6.1: Zyklisierung mittels spurloser Staudinger Ligation. Das oxidationsempfindliche Phosphoratom wird bis zum letzten Schritt durch Boran geschützt.[215]

6.1.1 Grundlegende Überlegungen

Eine der grundlegenden Entscheidungen, bevor mit der Synthese von Miniproteinen begonnen werden kann, ist die Wahl der Zyklisierungsstrategie. Dadurch wird sowohl über die Funktionalität des Harzes und damit die des *C*-Terminus entschieden, als auch die Chemie der SPPS bestimmt. Des Weiteren sind bei den Überlegungen zur Wahl von *N*- und *C*-Terminus nicht nur die synthetischen Probleme zu berücksichtigen, sondern im Hinblick auf die Zyklisierung auch der Abstand und die Flexibilität der Termini zu beachten. Für den oxidativen Faltungsprozess ist auch die jeweilige Natur des Miniproteins von Interesse, da z. B. *Kalata B1* und MCoTI-II den Cystinknoten über verschiedene semireduzierte Intermediate ausbilden.[8, 35]

Strategie 1: Zyklisierung mit anschließender Oxidation:

Nach Synthese der linearen, ungeschützten Aminosäuresequenz wird die Verknüpfung der Termini mittels *Zip*-Methode vollzogen.[108, 209] Danach wird das ungefaltete Zyklopeptid nach Standardprotokoll in leicht basischer wässriger Lösung oxidiert. Dies ist der aktuell am häufigsten verfolgte Ansatz.

Strategie 2: Oxidation mit anschließender Zyklisierung:

Bei dieser Methode wird das offenkettige Peptid zunächst zum Cystinknoten oxi-

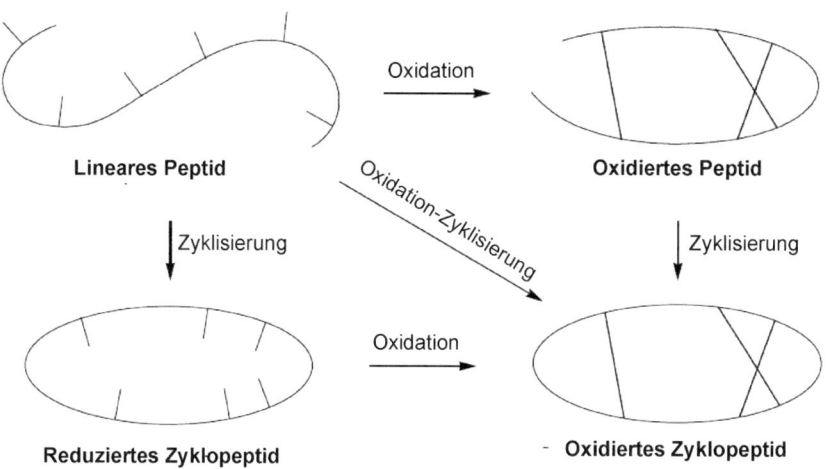

Abb. 6.2: Drei gangbare Syntheserouten zum *cyclic cystine knot.*

dert und nachfolgend zyklisiert. Aufgrund der Racemisierungsgefahr sollte es sich bei der *C*-terminalen Aminosäure idealerweise um Glycin oder Prolin handeln. Bei einem vollständig entschützten Peptid ist bei Aminofunktionen bzw. Carboxylgruppen beinhaltender Seitenketten weiterhin mit ungewünschten Nebenreaktionen zu rechnen. Da das gefaltete Peptid in seiner Flexibilität sehr eingeschränkt ist, muss sichergestellt sein, dass sich die Termini tatsächlich nah genug stehen um reagieren zu können.

Strategie 3: Zyklisierung/Oxidation:

Die Methode bei der Zyklisierung und Oxidation zum CCK in einem Syntheseschritt erfolgt ist nicht generell für alle Mikroproteine möglich. Sie gelang bei der Synthese von MCoTI-I,[109] einem *Squash* Trypsin Inhibitor, welcher eine sehr ausgeprägte Triebkraft zur Ausbildung von nativen Disulfidbrücken besitzt.[110] Diese Strategie zeichnet sich besonders durch die Einsparung von Synthese- und Reinigungsschritten und der damit verbundenen höheren Ausbeute aus.

6.1.2 Thia-Zip Reaktion

Eine weitere populäre Zyklisierungsmethode stellt die Thia-Zip Reaktion dar.[210] Für diese Reaktion wird eine ungeschützte Peptidkette mit C-terminalem Thioester, einem N-terminalen Cystein sowie mindestens einem weiteren Cystein innerhalb der Kette benötigt. Die Thia-Zip Reaktion verläuft nicht in einem Schritt, sondern beginnt mit der Bildung des kleinsten Thiolesters und setzt sich durch eine Serie von intramolekularen Umlagerungen, bei denen das jeweils nächstgrößte Thiolacton gebildet wird fort. Die Reaktion endet nach Entstehung des größten Rings, indem sich das α-Aminothiolacton durch einen $S{\rightarrow}N$-Acyltransfer in das gewünschte

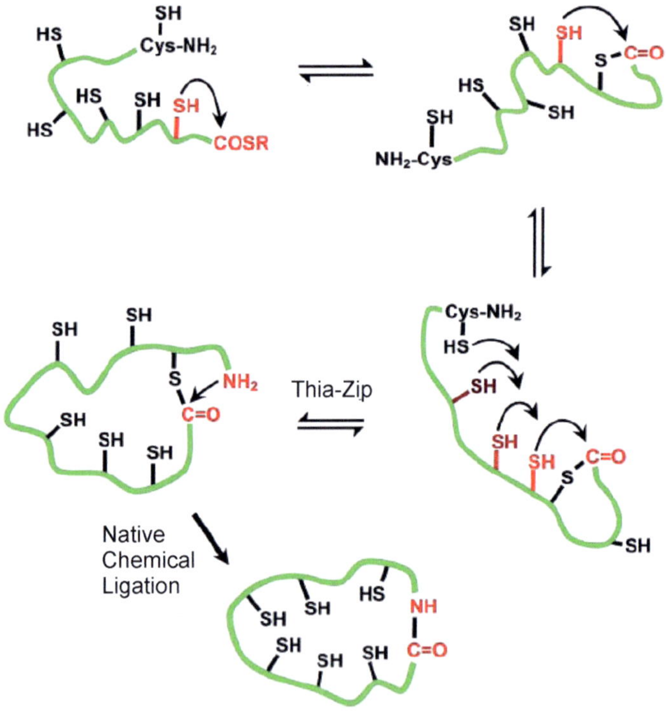

Abb. 6.3: Die Zyklisierung mittels Thia-Zip Reaktion.[93]

zyklische Peptid umwandelt.

Diese Methode wurde beispielsweise bei der Synthese von MCoTI-I und MCoTI-II erfolgreich angewendet.[216, 217]

6.1.3 Intein katalysierte Zyklisierung

Bei Inteinen handelt es sich um einen Teil eines Proteins welcher sich selbst aus diesem ausschneiden kann und die entstanden Reste (Exteine) miteinander verknüpft. Sie konnten inzwischen in allen drei Reichen des Lebens nachgewiesen werden, sind aber in Mikroorganismen am häufigsten zu finden.[219] Inteine werden heute in verschiedenen biotechnologischen Anwendungen als *single-turnover* Katalysatoren eingesetzt, darunter Proteinsynthese, Isotopenmarkierung, Struktur-Funktionsanalyse und Peptidzyklisierung. Beim *trans Splicing* von Peptiden wird das Zielpeptid zwischen dem *C*-terminalen und dem *N*-terminalen Segment des Inteins eingebaut. Durch intramolekulare Assoziation wird das aktive Intein, für dessen Aktivität eine korrekte Faltung nötig ist, gebildet. Bei dem anschließenden

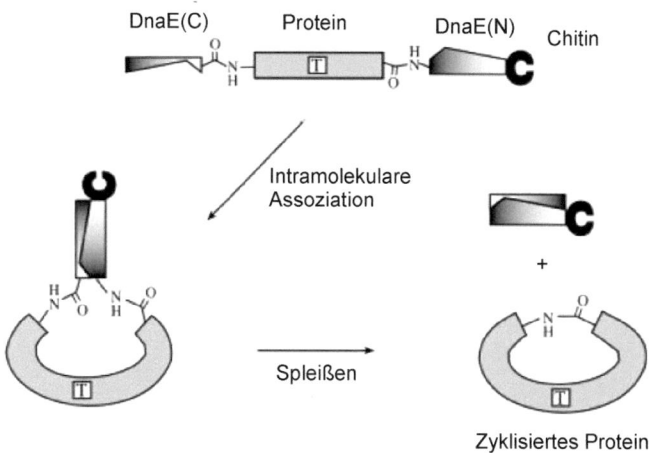

Abb. 6.4: Darstellung des intramolekularen *trans Spleißen*.[218]

Spleißen werden die beiden Termini des Zielpeptids miteinander verknüpft und der Inteinteil entfernt. Das gewünschte Zyklopeptid erhält man nun durch Erzeugung einer Amidbindung nach *S→N*-Acylmigration in dem entstandenem Peptid.[220] Diese Methode wurde erfolgreich bei Totalsynthese des Cyclotids *Kalata B1* angewendet.[221]

6.1.4 Hydrazon Head-to-Tail Makrozyklisierung

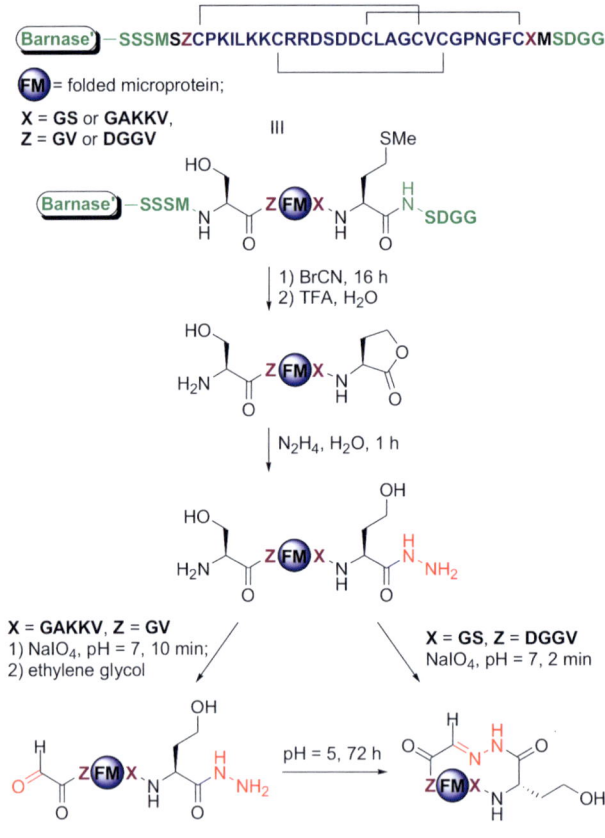

Abb. 6.5: Synthese von Imino-Cyclotiden nach *Avrutina et al.*[222]

Im Zuge einer kombinierten rekombinanten und chemischen Synthese von Mikroproteinen wurde von *Avrutina et al.* in Zusammenarbeit mit der Arbeitsgruppe von *Prof. H. Kolmar* die chemische Zyklisierung durch kovalente Verbindung entwickelt.

Hierzu wird zunächst das Zielpeptid als Barnase'-Fusionsprotein exprimiert und gereinigt (s. Seite 22).[96] Im ersten Schritt der chemischen Modifikation wird durch elektrophilen Angriff von BrCN ein *C*-terminales Homoserinlacton erzeugt und das Mikroprotein von der Barnase' getrennt (s. Abb. 6.5). Das Lacton wird anschließend mit einem Überschuss wässriger Hydrazin-Lösung versetzt und somit ein *C*-terminales Hydrazid gebildet. In diesem Mikroprotein dient das *N*-terminale Serin als maskiertes Aldehyd, welches durch Oxidation mit $NaIO_4$ freigesetzt wird (s. Seite 47). Bei schwach saurem pH-Wert reagieren die modifizierten Termini zum gewünschten Imino-Cyclotid.[222]

6.2 Zyklisierung durch Triazolbildung

Bei der von uns entwickelten Methode handelt es sich um ein neues Verfahren bereits korrekt gefaltete Mikroproteine über die Seitenketten der terminalen Aminosäuren in einem einzigen Schritt zu zyklisieren. Als funktionalisierte Aminosäuren wurden *N*-terminal *N*-Boc-L-Ala(β-azido)-OH (**44**) und *C*-terminal *N*-Fmoc-

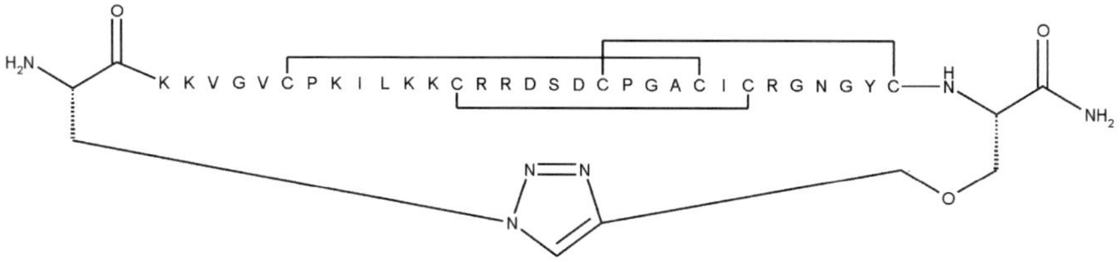

73

Abb. 6.6: Sequenz und Verknüpfung des zyklisierten Cystinknoten-Peptids.

L-Ser(2'-propin)-OH (**39**) eingesetzt (s. Seite 53). Die Synthese des linearen offenkettigen Vorgängers erfolgt hierbei nach kombinierter manueller und automatisierter Peptidsynthese.[92] Nach oxidativer Faltung zum nativen Cystinknoten und Reinigung wurden die beiden Termini des Peptids mittels Kupfer(I)-katalysierter 1,3-dipolarer Zykloaddition verknüpft und das gewünschte Produkt **73** erhalten. Hierbei fand allerdings ausschließlich der intramolekulare Ringschluss, sowohl bei Reaktionsführung in großer Verdünnung als auch bei hoher Konzentration statt. Die Bildung von makrozyklischen Dimeren konnte nicht beobachtet werden.

Die großen Vorteile dieser Methode liegen in der Toleranz von Methioninresten und aller funktionellen Seitenkettengruppen auch im basischen Milieu sowie der Einsparung mehrerer Synthese- und Reinigungsschritte im Vergleich zur Imino-Cyclotid-Methode. Durch die Zyklisierung in einem Reaktionschritt konnte die finale Ausbeute, im Falle des um die KKV-Einheit verlängerten Peptids, etwa um den Faktor 7 auf 72 % verbessert werden.

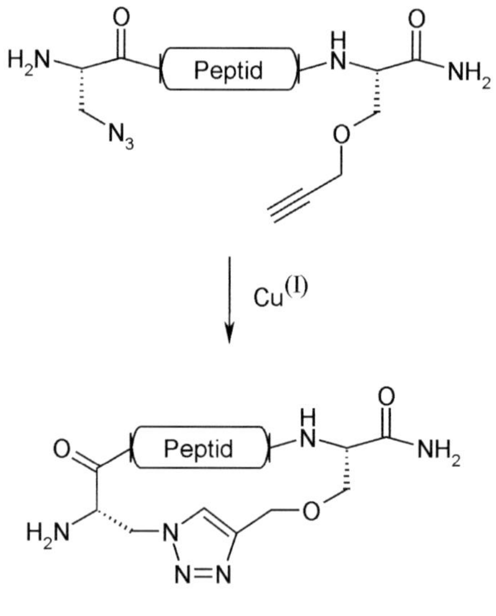

Abb. 6.7: Schematische Darstellung der Makrozyklisierung eines Peptids durch „Click-Chemie".

Synthese und Analytik: Das offenkettige Edukt oMCoTI$^{N3KKV-S(2'-Propin)}$ (**23**) wurde zusammen mit 2,6-Lutidine als Base unter Schutzgasatmossphäre in DMF gelöst und bei RT mit Kupfer(I)iodid zur Reaktion gebracht. Bei dieser intramolekularen Reaktion wurde aus zwei Gründen auf die Verwendung des stabilisierenden TBTA-Liganden verzichtet. Erstens werden hier anders als bei der Dimerisierung zwei Peptidtermini ohne raumschaffenden Linker miteinander verbunden, so dass unter Umständen der sterisch anspruchsvolle Ligand durch Abstoßung mit benachbarten Seitenketten eine Reaktion inhibieren könnte. Zweitens sind die Termini durch die wohldefinierte Struktur des gefalteten Mikroproteins so eng beieinander, dass die hohe lokale Konzentration der funktionellen Gruppen die Reaktionsgeschwindikeit signifikant steigern sollte, so dass die Reaktion beendet ist bevor das Kupfer(I) zu Kupfer(II) oxidiert ist.

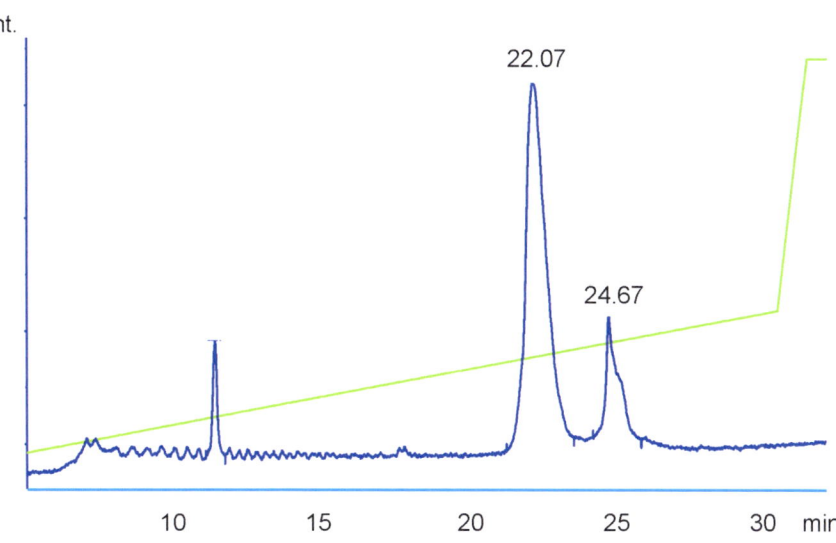

Abb. 6.8: HPLC-Chromatogramm der Co-Eluierung von offenkettigem und zyklisiertem Knotenprotein in einer Probe. Das offenkettige Edukt eluiert bei 22.07 Minuten und das zyklisierte Produkt bei 24.67 Minuten.

Die Besonderheit dieser intramolekularen Zykloaddition ist die Tatsache, dass sich Produkt und Edukt in ihrer Masse nicht unterscheiden und somit das Reaktionsprodukt mittels Massenspektrometrie nicht eindeutig identifiziert werden kann. Daher wurde zusätzlich zur hochaufgelösten Massenspektrometrie das erhaltene Produkt gegen eine Probe des Eduktes eluiert. Die gemessene Retentionszeit des Produktes unterscheidet sich hiernach vom massenäquivalenten Edukt um 2.6 Minuten und liegt bei 24.67 Minuten (s. Abb. 6.8).

Abschließend zusammengefasst konnte eine neue, einstufige Synthesemethode für zyklisierte Knotenproteine entwickelt werden, die den gefalteten offenkettigen Vorgänger in sehr guten Ausbeuten zum Produkt umsetzt.

6.3 Arbeiten zur Dimer-Makrozyklisierung

Durch den Zugang zu bifunktionalisierten Mikroproteinen wurde der Versuch unternommen, Vertreter der unbekannten Substanzklasse der makrozyklischen Knotenprotein-Dimere zu erhalten. Die Syntheseexperimente wurden dabei sowohl in Lösung, als auch an der festen Phase durchgeführt.

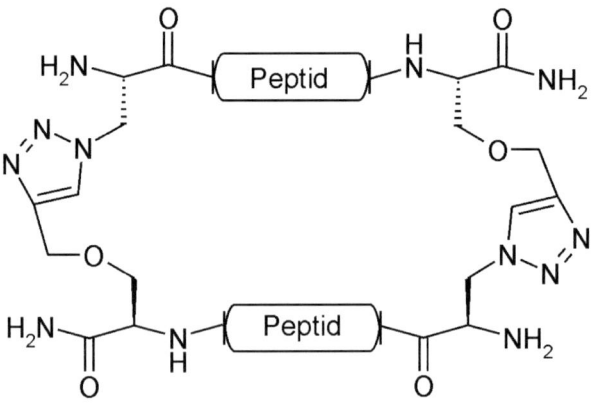

Abb. 6.9: Schematische Darstellung eines makrozykischen Dimers.

Strategie 1: Reaktion in Lösung (Abb. 6.10):

Das gewählte Peptid oMCoTI$^{N3KKV-S(2'-Propin)}$ (**23**), eine Kupfer(I)-Quelle sowie der Ligand TBTA wurde zusammen mit 2,6-Lutidine in minimaler Menge DMF zur Reaktion gebracht. Trotz sehr hoher Konzentration der Lösung konnte in jedem Fall nur das intramolekulare Zyklisierungsprodukt erhalten werden. Der Grund hierfür ist wahrscheinlich die große räumliche Nähe der funktionalisierten Termini im oxidierten Mikroprotein, so dass die intramolekulare Reaktion selbst bei großer Konzentration der Peptide ausschließlich abläuft.

Strategie 2: Reaktion an fester Phase:

Durch die Reaktionsführung an fester Phase sollte die Gefahr einer intramolekularen Zyklisierung minimiert werden, da das Peptid vollständig geschützt ist und somit keinerlei räumliche Vorordnung besitzt, bei der sich die Termini in direkter Nähe befinden. Weiterhin konnte in einer vorangegangenen *proof-of-concept*-Reaktion der *C*-Terminus eines Mikroproteins am Harz per „Click-Chemie" mit einem Kleinmolekül quantitativ umgesetzt werden. Bei der versuchten Synthese, sowohl mit TBTA als auch ohne, konnte allerdings weder das intra-, noch das intermolukalare Reaktionsprodukt erzeugt werden. Dies ist wahrscheinlich mit der zu geringen Belegungsdichte der Mikroproteine auf dem Harz zu erklären. Bei einer theoretischen Dichte von 44.5 µmol/g und einer 32 Aminosäuren langen Kette ist die lokale Konzentration der reaktiven Gruppen vermutlich zu niedrig. Eben-

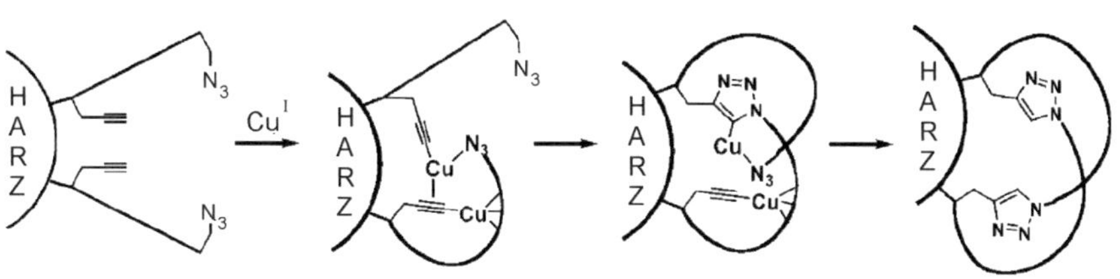

Abb. 6.10: Darstellung des vorgeschlagenen Mechanismus der „Click-Chemie" an fester Phase.[206] Aus sterischen Gründen ist die Verwendung von Kupfer(I)-stabilisierenden Liganden nicht möglich.

falls können die vielen sterisch anspruchsvollen Schutzgruppen eine Annäherung der Termini behindern. Die in der Literatur beschriebene Makrozyklisierung gelang mit Wang-Harz (initiale Baladungsdichte 0.77 mmol/g) und deutlich kürzeren Sequenzen mit wenigen Schutzgruppen,[206] wodurch die Wahrscheinlichkeit einer Reaktion stark erhöht wurde. Da höher substituierte Harze mit den Mikroproteinsequenzen nicht kompatibel sind,[92] musste diese Strategie leider verworfen werden.

Im Hinblick auf eine inhibitorische Wirkung gegen Tryptase stellen derartige Makromoleküle allerdings keine vielversprechenden Kandidaten dar. Die sehr eingeschränkte Flexibilität und der große Durchmesser solcher Makrozyklen lassen eine Passage der Eingangsregion zur zentralen Pore des Tryptase-Tetramers sehr unwahrscheinlich erscheinen. Als Inhibitoren gegen Enzyme mit weniger abgeschirmten reaktiven Zentren könnten makrozyklische Dimere, mit entsprechend angepasster Inhibitor-Schleife, dennoch als interessante Zielmoleküle fungieren.

7 Zusammenfassung

Die Suche nach neuen Wirkstoffen und pharmakologisch relevanten Leitmotiven ist eine der wichtigsten Herausforderungen der biomolekularen Chemie. In den letzten Jahren haben in diesem Zusammenhang Peptide und Peptidmimetika zunehmend an Bedeutung gewonnen. Von den sogenannten Cystinknoten Mikroproteinen lässt sich ein vielversprechendes Strukturmotiv ableiten, das für eine rationale Modifizierung hervorragend geeignet ist. Die in der Natur sowohl zyklisch als auch linear vorkommenden Knotenproteine sind in vielerlei Hinsicht biologisch aktiv. Sie treten beispielsweise als Proteaseninhibitoren auf und besitzen eine anti-HIV sowie antimikrobielle Wirkung. In der Substanzklasse der verknoteten Peptide mit Sequenzlänge zwischen 28 und 40 Aminosäuren wird das hervorzuhebende Strukturmerkmal des Cystinknotens durch die besondere Anordnung dreier Disulfidbrücken erreicht. In Konsequenz der Disulfidverbrückung besitzen Cystinknoten Mikroproteine eine wohldefinierte, dreidimensionale Struktur und sind darüberhinaus äußerst stabil gegenüber extremen pH-Wert-Änderungen, hohen Temperaturen und enzymatischer Degradation. Die Tatsache, dass die natürlichen Cystinknoten Mikroproteine eine starke Struktur- aber nur eine geringe Sequenzhomologie aufweisen, unterstreicht ihre Eignung als *scaffold* für die Wirkstoffentwicklung. Durch Sequenzmutationen in bestimmten Schleifenregionen können neue Funktionen auf das jeweilige Knotenprotein übertragen werden, ohne die strukturellen Integrität zu verlieren.

Diese natürlich auftretende Proteasehemmung des MCoTI-II war Ansatzpunkt um in dieser Arbeit auf der Basis des *rational Designs* neue hochwirksame Inhibitoren zu synthetisieren. Mittels dieser neuen Inhibitoren soll das Enzym β-III-Tryptase, welches mit inflammatorischen Krankheiten wie Asthma in Verbindung gebracht wird, effektiv gehemmt werden. Die tetramere Struktur der Tryptase eröffnet die Möglichkeit einer Potenzierung der inhibitorischen Aktivität und Selektivität durch Erzeugung bivalenter Inhibitoren.[86] Als peptidisches Leitmotiv wurde eine *N*-terminal modifizierte Variante des *Squash Inhibitors* MCoTI-II verwendet. Die *N*-terminale Sequenzverlängerung um die KKV-Einheit hat in vorangegangenen Arbeiten eine deutliche Steigerung der Tryptase hemmenden Aktivität aufgrund von Salzbrücken und unpolaren Wechselwirkungen mit der Tryptaseoberfläche gezeigt.[165]

Für eine Darstellung der Knotenproteindimere wurden mehrere Ligationsstrategien verfolgt, darunter der Staudinger-Ligations-Ansatz, die Hydrazonbildung und die Kupfer(I)-katalysierte 1,3-dipolare Zykloaddition von Aziden und Alkinen. Mit Hilfe der „Click-Chemie" gelang es, die gewünschten Dimere in guten Ausbeuten zu synthetisieren. Zur Durchführung der „Click"-Reaktion mussten zunächst die erforderlichen Substrate mit den entsprechenden Funktionalitäten erzeugt werden. Zu diesem Zweck wurden diverse unnatürliche Aminosäurederivate entwickelt, die mit Hilfe einer kombinierten manuellen und automatisierten Festphasensynthesestrategie in die Knotenproteinsequenzen integriert werden konnten. Um eine korrekte Lokalisation der kovalent verbundenen Mikroproteine in den aktiven Taschen des Tryptase Tetramers zu gewährleisten, wurden die einzelnen Knotenproteine mittels eines entsprechend dimensionierten *spacers* miteinander verknüpft. Da zu diesem Zeitpunkt keine experimentellen Daten über die strukturellen Auswirkungen der Linkergeometrie auf das Knotenprotein-Homodimer vorliegen, wurden unterschiedliche *spacer* synthetisiert, darunter in Zusammenarbeit mit *T. Plass* auch ein zyklisches β-Tripeptid, welches das Potential besitzt, durch Stapelwechselwirkungen die Tryptasehemmung weiter zu verstärken.[188] Mehrere dieser Triazol-verbrückten Inhibitoren werden zur Zeit in enzymatischen Tests auf ihre Aktivität und Spezifität gegenüber Proteasen untersucht.

Um die Auswirkung eines zyklischen Rückgrats auf die Tryptase-Hemmaktivität näher zu untersuchen, konnte die „Click-Chemie" in einer Ringschlussreaktion ebenfalls zur Synthese makrozyklischer Knotenproteine genutzt werden. Mit dieser neuen Methode zur Darstellung zyklischer, gefalteter Mikroproteine liess sich das sogenannte *Triazol-Zyklotid* in einem einzigen Reaktionsschritt, mit deutlich gesteigerten Ausbeuten im Vergleich zur *Imino-Zyklotid*-Synthese, aus dem offenkettigen Knotenprotein erzeugen. Die gesteigerte strukturelle Stabilität im zyklischen Mikroprotein sollte auch die Tryptase-hemmende Wirkung des Knotenproteins weiter erhöhen. Das *Triazol-Zyklotid* wird zur Zeit im Arbeitskreis von *Prof. C. Sommerhoff* auf inhibitorische Aktivität und Spezifität getestet.

Im Rahmen dieser Arbeit konnten erstmalig linkerverknüpfte homodimere Cystinknoten Mikroproteine erzeugt werden. Die entwickelten Methoden zur Erzeugung dieser bivalenten Proteaseinhibitoren können zur weiteren Optimierung der Linkergeometrie und der Anknüpfungsposition verwendet werden, um die Tryptase inhibierende Wirkung weiter zu erhöhen. Mit den Daten aus den laufenden enzymatischen Tests sollte es möglich sein, in anschließenden Arbeiten die Rigidität des verbrückenden Linkers zu steigern und durch Erhöhung der lokalen Inhibitorkonzentration und Verringerung der Freiheitsgrade die thermodynamischen Eigenschaften der Hemmung zu verbessern. Weiterhin konnte in dieser Arbeit eine neue hocheffektive Syntheseroute zu makrozyklisierten Knotenproteinen etabliert werden.

8 Summary

The quest for new agents and pharmaceutically valuable compounds is one of the most relevant challenges in modern biomolecular chemistry. In this context peptides and peptide mimetics became more important over the past years. A very promising scaffold for *rational design* are the members of the *Cyclotide* family. These natural cyclic and linear occurring peptides display a plethora of biological activities like protease inhibition, anti-HIV and antimicrobial activity. Cyclotides consist of approximately 28–40 amino acids where three disulfide bonds form in a very special manner called the *cystine knot*. As a consequence of this motif microproteins exhibit a well defined, three-dimensional structure and tolerate extreme pH-values, high temperatures and are insensitive towards enzymatic degradation. The fact that these knotted microproteins tolerate amino acid exchange within the loop regions underlines their qualification as scaffolds in drug design. By mutation of loop regions new functionalities can be inserted in the microprotein without losing the very stable secondary structure.

Its qualities as a naturally occurring protease inhibitor makes MCoTI-II, a *squash trypsin inhibitor*, the ideal scaffold for rational designed highly effective inhibitors. The newly designed inhibitors address the human β-III-tryptase, a trypsin-like protease which is related to inflammatory diseases like asthma and therefore displays a valuable target for drug design. The very special tetrameric architecture of tryptase gives rise to the possibility of potentiating the inhibitoric activity by creating bivalent inhibitors.[86] A *N*-terminally modified variant of the squash inhibitor

MCoTI-II was used as the peptidic framework in our dimerization experiments. The *N*-terminal elongation of MCoTI-II with the KKV-unit has shown a significant increase of inhibition in previous experiments, probably by providing additional binding energy through salt-bridges and hydrophobic interactions with the tryptase surface.[165]

For the synthesis of dimeric cystine-knot microproteins several ligation strategies like the Staudinger-Ligation, the formation of a dihydrazon and the copper(I)-catalyzed 1,3-dipolar cycloaddition of azides and alkynes were investigated. Using the latter cycloaddition, the so called „click-chemistry", the desired dimers were synthesized in good yields. In a first step it was necessary to create building blocks providing the needed azide and alkyne functionalities. For this purpose several artificial amino acid derivatives were synthesized and implemented in the peptide sequences by a combined manual and automated solid phase peptide synthesis. To ensure the ability of the inhibitor loops to reach the reactive sides of tryptase, the microproteins were connected via an adequate spacer. Due to the lack of structural information regarding the spacer geometry up to date, several spacers with different rigidity were synthesized. In collaboration with *T. Plass* a cyclic β-tripeptide was introduced which has the potential to increase the inhibition of tryptase by providing additional stacking interactions.[188] Several of these triazol-linked dimeric inhibitors are now in the process of being enzymatically tested for their activity and selectivity against proteases.

To further study the influence of a connected backbone on the inhibitoric activity, the „click-chemistry" was also used for the synthesis of macrocyclic cystine-knot microproteins. This new cyclization strategy opens the route to ring-closed, folded microproteins in a single reaction step with significantly increased yields in relation to the imino-cyclotide method. The enhanced structural stability due to the cyclic backbone should improve the inhibitoric effect of the knotted protein. At the moment the inhibitoric activity and selectivity of the so called *triazol-cyclotide* are tested by the *Sommerhoff* group in Munich.

This thesis reports the first synthesis of spacer linked homodimeric microproteins. The developed methods to generate these dimeric protease inhibitors can be used for further optimization of the spacer geometry to elevate the inhibitoric activity of the microproteins. Considering the results of the enzymatic tests it should be possible to derive new, optimized spacers that increase the local concentration of the inhibitor and reduce the terms of freedom, thus, advance the inhibitoric properties. Furthermore this thesis presents a new highly effective route to macro-cyclised knotted microproteins.

9 Experimenteller Teil

9.1 Allgemeine Arbeitstechniken

Entgasen von Lösungsmittel

Das Lösungsmittel wurde in einem Kolben mittels flüssigem Stickstoff eingefroren und taute im Vakuum unter Gasentwicklung wieder auf. Dieser Vorgang wurde mindestens dreimal wiederholt bis keine Gasentwicklung mehr zu beobachten war. Bei der Verwendung des Lösungsmittels bei „Click"-Reaktionen wurde das Lösungsmittel nach Befreiung von Luft mit Argon gesättigt.

Lösungsmittel

Die verwendeten Lösungsmittel wurden vor Gebrauch destilliert. Die trockenen Lösungsmittel Dichlormethan, Toluol und Acetonitril wurden nach den gängigen Methoden von Wasser befreit und frisch destilliert eingesetzt. Andere trockene Lösungsmittel wie Dimethylformamid und Tetrahydrofuran wurden in mit einem Septum verschlossen Flaschen der Firma FLUKA unter Schutzgasatmosphäre und über Molsieb (4 Å) gelagert. Das in Reaktionen, zum Lyophilisieren und in der *HPLC*-Chromatographie eingesetzte Wasser wurde mittels der Reinstwasseranlage „Simplicity" der Firma MILLIPORE mit vorgeschalteter VE-Patrone B 10D gereinigt. Der Reinheitsgrad wurde durch den elektrischen Widerstand von 18.2 Ω angezeigt.

Molecular Modeling

Alle in dieser Arbeit verwendeten Templates zur Darstellung von Strukturen sind der *Protein Data Base* (PubMed) entnommen und mit dem auf LINUX basierenden Programm *MacroModel 8.5* visualisiert und gegebenenfalls bearbeitet worden. Für die Berechnung dargestellter Peptide wurde im ersten Schritt eine Minimierung der Konformation vorgenommen und anschließend die Operation *Conformational Search* zur Feststellung der energieärmsten Konformation durchgeführt. Innerhalb der Software wurden folgende Parameter festgelegt:

Force Field: AMBER[*];[223] MCMM[224]

Solvent: Water

Electrostatic Treatment: Constant

Dielectric Constant: 1.0

Charges From: Force Field

Cutoff: Extended

Van der Waals: 8.0

Electrostatic: 20.0

H-Bond: 4.0

Reagenzien

Alle in Reaktionen eingesetzten kommerziell erhältlichen Chemikalien stammen von den Firmen SIGMA-ALDRICH, FLUKA, LANCASTER, ACROS-ORGANICS oder MERCK in der Qualitätsstufe „zur Synthese". Die verwendeten Aminosäuren wurden von den Firmen NOVABIOCHEM, IRIS BIOCHEM und GLS mit folgenden Seitenkettenschutzgruppen erhalten: Acm (Cys), *t*-Bu (Asp, Tyr, Ser), Boc (Lys), Trt (Cys, Asn, Gln) und Pbf (Arg). Die Kupplungsreagenzien HBTU, HCTU, HOBt und Cl-HOBt wurden von IRIS BIOCHEM und GLS bezogen, die Aktivierungsmittel HATU und HOAt von APPLIED BIOSYSTEMS sowie GLS. Die für SPPS verwendeten Harze und das Pseudo-Prolin Dipeptid Fmoc-Asp(O-*t*Bu)-Ser($\psi^{Me,Me}$pro)-OH stammen von NOVABIOCHEM.

Reaktionen

Alle wasserfreien Reaktionen wurden in trockenen Apparaturen unter Schutzgasatmosphäre durchgeführt. Als Inertgas diente Argon ($> 99.9\,\%$), welches in einem U-Rohr, beschickt mit Blaugel, P_2O_5, Bimsstein und KOH, weiter getrocknet wurde. Verwendete Glasgeräte sind vor dem Befüllen mit Schutzgas mit einem Heißluftfön ausgeheizt und im Vakuum abgekühlt worden.

Lyophilisierung

Die wässrigen Lösungen sowie Mischungen aus Wasser und 1,4-Dioxan wurden in einem Glaskolben mit Hilfe von flüssigem Stickstoff zu größtmöglicher Oberfläche eingefroren und mittels eines CHRIST-Alpha-2-4-Lyophilisator gefriergetrocknet. Kleine Substanzmengen wurden nach gleicher Methode in Eppendorf-Gefäßen in einer Vakuumzentrifuge RVC 2-18 der Firma CHRIST lyophilisiert.

Chromatographie

1. *Dünnschichtchromatographie (DC)*:
   Es wurden Dünnschichtfertigplatten der Firma MERCK, Kieselgel 60 F_{254}, Schichtdicke 0.25 mm verwendet. Die Detektion erfolgte anhand der Fluoreszenzkontrolle bei einer Wellenlänge von 254 nm sowie durch Entwicklung mit PMS- (10.0 g Ce(SO$_4$)$_2$, 25.0 g Phosphormolybdänsäure, 80.0 mL konz. H_2SO_4, mit Wasser auf einen Liter aufgefüllt) oder Ninhydrin-Lösung (3.00 mL Essigsäure, 1.00 g Ninhydrin in 500 mL Ethanol) und anschließendem Erhitzen. Die jeweiligen Laufmittelverhältnisse und entsprechende R_f-Werte sind angegeben.

2. *Flash-Säulenchromatographie (FC)*:

Zur präparativen Säulenchromatographie wurde Kieselgel 60 der Firma MERCK (Kieselgel 60; 40–63 µm Korngröße; 230–400 mesh ASTM) als stationäre Phase verwendet. Das Substrat wurde nach Adsorption auf Kieselgel 60 der Firma MERCK aufgetragen und dann bei Drücken von 0.7–0.9 bar eluiert. Die Säulendimensionen (Durchmesser × Höhe der Säule in cm) und das jeweilige Laufmittel sind angegeben.

3. *Hochleistungsflüssigkeitschromatographie (HPLC)*:

Alle per HPLC vorgenommenen Reinigungen wurden anhand Reversed-Phase-Chromatographie an Geräten der Firma PHARMACIA BIOTECH (Äkta Basic 900, Hochdruckpumpenmodul P900, UV-Detektor UV900) durchgeführt. Die UV Detektion der produktführenden Fraktionen erfolgte in der Regel bei 215 nm (Peptidbindung), 280 nm (Triazol) und 495 nm (FITC-Label). Folgende Säulen wurden bei den Trennungen verwendet:

Analytisch:

C-18:   Sephasil Peptide (250 × 4.6 mm, S-5 µm)

              YMC J'sphere ODS-A (150 × 4.6 mm, 4 µm, 80 Å)

              YMC J'sphere ODS-A (250 × 4.6 mm, 5 µm, 120 Å)

C-4:   *JASCO* Reprosil-Pur 300 (250 × 4 mm, 5 µm, 300 Å)

(Semi-)Präparativ:

C-18:   *YMC J'sphere* ODS-A (150 × 10 mm, 4 µm, 80 Å)

              YMC J'sphere ODS-A (250 × 20 mm, 5 µm, 120 Å)

Die Trennung an den analytischen Säulen erfolgte bei einer Flußrate von 1 mL/Min, an den semipräparativen Säulen mit 3 mL/Min (150 × 10 mm) und die präparativen Trennläufe wurden mit 10 mL/Min (250 × 20 mm) eluiert. Die lyophilisierten Proben wurden in Acetonitril-Wasser Lösungen, welche der Konzentration von Acetonitril zu Beginn des Gradienten entsprach, aufgenommen und vor der Injektion filtriert. Sämtliche HPLC-Trennungen wurden mit linearen Gradienten der Lösungen A (0.1 % TFA in Wasser) und B (80 % Acetontril, 20 % Wasser, 0.1 % TFA) innerhalb von 30 Min durchgeführt. Für die Trennungen wurde Acetonitril der Qualitätsstufe *HPLC grade* (ACROS ORGANICS) verwendet. Das Wasser wurde an der Reinstwasseranlage „Simplicity" der Firma MILLIPORE gewonnen. Beide Lösungen wurde vor dem Versetzen mit TFA im Vakuum entgast.

9.2 Charakterisierung

Ultraviolett-Spektroskopie

Die Messungen wurden am Gerät JASCO *V550* vorgenommen. Es sind die Wellenlängen der maximaler Absorption angegeben.

Infrarot-Spektroskopie

Die Probenspektren wurden an einem *FTIR 1600* Gerät der Firma PERKIN ELMER aufgenommen. Die Messdaten sind in Wellenzahlen $\tilde{\nu}$ [cm^{-1}] angegeben.

Optische Drehung

Die Drehwerte wurden mit einem *Polarimeter 241* der Firma PERKIN ELMER gemessen. Der spezifische Drehwert resultiert aus folgender Formel:

$$[\alpha]_D^{20} = \frac{\alpha * 100}{c * l}$$

Hierbei stellt α den gemessenen Drehwert bei 20 °C und der Wellenlänge 589 nm (Natrium-D-Linie), c die Konzentration in [g/100 mL] und l die Küvettenlänge in [dm] dar.

Massenspektrometrie (MS)

Die ESI-Massenspektren wurden mit einem Massenspektrometer des Typs *LQC* (FINNIGAN) aufgenommen. Angegeben sind die jeweiligen physikalischen Masse-Ladungs-Verhältnisse (m/z-Werte) der Molekül- und Fragmentierungskationen bzw. der Radikalkationen. Der Molekülpeak ist mit M_0 gekennzeichnet. Die Angaben sind nach abnehmenden m/z-Werten geordnet. EI-Spektren wurden an einem Instrument des Typs *MAT 731* VARIAN und die hochauflösenden Spektren mit einem *APEX-Q IV 7T*-Spektrometer der Firma BRUKER gemessen.

NMR-Spektroskopie

Die NMR-Spektren wurden an einem Gerät des Typs BRUKER AMX 300 (^{1}H: 300 MHz; ^{13}C: 75 MHz; ^{31}P: 122 MHz) aufgenommen. Bei den ^{1}H- und ^{13}C-NMR-Spektren wurden die Resonanzsignale der Restprotonen der verwendeten Lösungsmittel als interner Standard eingesetzt und bei ^{31}P-Messungen H_3PO_4 als externer Standard. Dies entspricht bei $CDCl_3$: 7.24 ppm (^{1}H-NMR) und 77.0 ppm (^{13}C-NMR) und bei DMSO-d_6: 2.49 ppm (^{1}H-NMR) und 39.5 ppm (^{13}C-NMR). Die Messtemperatur der Experimente in $CDCl_3$ und CD_2Cl_2 betrug 25 °C, im Falle von DMSO-d_6 wurde die Messung bei 35 °C durchgeführt. Die chemischen Verschiebungen sind in der Einheit ppm auf der δ-Skala angegeben (TMS = 0 ppm). Die skalaren Kopplungskonstanten $^{n}J_{X,Y}$ sind in Hertz [Hz] bestimmt, wobei n die Zahl der überbrückten Bindungen angibt, über welche die Kopplung der Kerne X und Y erfolgt. Die Multiplizität der Signale wird durch die Zusätze Singulett (s), Dublett (d), Dublett vom Dublett (dd), Triplett (t), Multiplett (m) und breites Singulett (s_{br}) angezeigt. Die ^{13}C- und ^{31}P-NMR-Spektren sind ^{1}H-breitbandentkoppelt aufgenommen worden. Die Zuordnung der Protonensignale erfolgte wenn nötig mittels zweidimensionaler NMR-Experimente ([^{1}H,^{1}H]-COSY, HSQC und HMBC). Die verwendeten Messfrequenzen sind angegeben.

Enzymatische Messungen

Die Tests auf eine inhibitorische Wirkung der Moleküle gegen Proteasen wurden im Zuge einer Zusammenarbeit im Arbeitskreis von *Prof. C. Sommerhoff* in München, vorgenommen.

9.3 Allgemeine Arbeitsvorschriften

AAV 1: Handhabung von Harz und Aminosäurebausteinen

Aminosäurebausteine und Festphasensyntheseharze wurden bei -27 °C aufbewahrt. Vor dem Öffnen wurden die Substanzen auf RT aufgewärmt, um ein Einkondensieren von Wasser zu vermeiden. Wenn nötig wurden selbstsynthetisierte Aminosäurebausteine zur besseren Handhabung vor der Verwendung lyophilisiert.

AAV 2: Beladung des Harzes

NovaSyn® TGR Harz wird zur Stabilisierung mit ungeschützter Aminofunktion geliefert und kann ohne synthetische Vorbereitung mit der ersten Aminosäure belegt werden.[225] Die Prozedur erfolgt nach folgender Vorschrift:

1. Das Harz wurde mit dem doppelten Volumen DCM gewaschen und anschließend in DCM vorquellen gelassen. Nach 20 Minuten wurde mit NMP gespült und das Harz für weitere 60 Minuten quellen gelassen.

2. Eine Lösung der geschützten Aminosäure (5 Äq.), HOBt (5 Äq.) und DIC (5 Äq.) in NMP wurde nach 10 Minuten Präaktivierung zum Harz gegeben und für 1 h leicht geschüttelt. Das Harz wurde im Anschluß mit NMP gewaschen und der Vorgang einmal wiederholt.

3. Eine Lösung der Aminosäure, HOAt (3.9 Äq.) und DIPEA (8 Äq.) in NMP reagierte mit dem Harz und wurde nach 1 h mit NMP, DCM und MeOH gründlich gewaschen.

AAV 3: Bestimmung der Belegungsdichte

Nach kuppeln der ersten Aminosäure auf das Harz wurde die Belegungsdichte anhand der Absorbtion der abgespaltenen Fmoc-Schutzgruppe nach folgender Vorschrift bestimmt:[226]

1. Eine Menge von etwa 5 μM des mit einer Fmoc-geschützten Aminosäure belegten Harzes wird in einem 10 mL Gläschen mit 2 mL 2 % DBU in DMF versetzt.

2. Die Suspension wird für 30 Minuten leicht geschüttelt.

3. Das Gläschen wird mit Acetonitril auf 10 mL aufgefüllt. 2 mL dieser Lösung werden in einem Kolben zu 25 mL verdünnt.

4. Eine Referenzlösung wird ohne Zugabe des Harzs nach demselben Prinzip angesetzt.

5. Zwei Küvetten werden mit der Abspaltlösung und eine Küvette mit der Referenzlösung mit jeweils 3 mL gefüllt.

6. Die Messzellen werden in einem UV-spektrometer platziert und die Absorption bei 304 nm aufgenommen. Die Belegungsdichte lässt sich nach folgender Formel berechnen:

$$Belegung = \frac{(Abs_{Probe} - Abs_{Ref}) * 163.96}{m}$$

Belegung [mmol/g], *m* [mg]

AAV 4: Kaiser Test

Der Kaiser Test ist ein Farbtest um freie primäre Aminofunktionen nach dem Kupplungsschritt bei der SPPS oder die Vollständigkeit der Fmoc-Entschützung anzuzeigen.[227]

Benötigte Lösungen:

80 % Phenol in Ethanol, 2 mL 1 mM wässriger KCN in 98 mL Pyridin, 6 % Ninhydrin in Ethanol.

Durchführung:

1. Einige Harzkugeln vom Reaktionsgefäß entnehmen und mehrmals mit Ethanol waschen.

2. Die Harzkugeln in ein Glasröhrchen geben und mit zwei Tropfen von jeder Lösung versetzen.

3. Die Lösungen gut mischen und auf 120 °C erhitzen. Eine blaue Färbung zeigt freie Aminofunktionen an.

Zu beachten ist, dass der Kaiser Test nicht immer eindeutige Ergebnisse liefert und bei den Aminosäuren Prolin, Asparagin und Serin nicht anwendbar ist.

AAV 5: Manuelle Peptidsynthese

Manuelle SPPS wurde in 10 oder 20 mL Polypropylen Spritzen durchgeführt. Das beladene Harz wurde zunächst in DCM für 20 Minuten und anschließend in NMP suspendiert und 2 h Quellen gelassen. Nach vollständigem Quellen wurde das Lösungsmittel entfernt und die folgende Prozedur für jeden Kupplungsschritt wiederholt:

1. *Fmoc Entschützung*: Das Harz mit etwa 2 mL NMP pro 100 mg Harz dreimal gründlich spülen. Danach wurden von einer 20%igen Piperidin Lösung in DMF 1–2 mL pro 100 mg Harz zugefügt und die Spritze 10–15 Minuten geschüttelt. Anschließend folgte wieder eine Spülung, bei der das Harz ausgiebig mit NMP gewaschen und die Kupplungskontrolle mittels Kaisertest durchgeführt wurde. Bei negativem Kaisertest wurde ein zweites Mal für 15 Minuten entschützt.

2. *Kuppeln*:

- Alle Aminosäuren außer Cystein: 4.0 Äquivalente der Fmoc geschützten Aminosäure wurden in minimaler Menge NMP gelöst und 3.9 Äquivalente HCTU, HOBt sowie 8.0 Äqivalente DIPEA zugegeben. Das Harz wurde in der Mischung suspendiert und für 60–90 Minuten geschüttelt, bis ein negativer Kaisertest vollständigen Umsatz anzeigt. Im Falle eines positiven Kaisertests wurde die Lösung nach 90 Minuten entfernt, das Harz gewaschen und die Reaktion mit frischen Reagenzien wiederholt. Nach Abschluss der Kupplung wurde das Harz dreimal mit NMP gespült.

- Kuppeln von Cystein: Vor dem Kuppeln wurde das Harz dreimal mit DCM gespült um das NMP vollständig zu entfernen. 4.0 Äquivalente des Fmoc geschützten Cysteins wurden im minimalem Volumen DCM gelöst (pro mL DCM können ein paar Tropfen NMP zugegeben werden, um die Löslichkeit zu erhöhen) und 4.0 Äquivalente DIC zugetropft. Nach 10 Minuten Präaktivierung wurde erneut etwas DCM/NMP hinzugegeben, falls das entstandene Anhydrid ausfiel. Die Lösung wurde zum Harz gegeben und eine Reaktionszeit von 90 Minuten nicht überschritten. Abhängig von der Position des Cysteins in der Kette ist es häufig der Fall, dass der Kaisertest kein eindeutiges Ergebniss liefert. Eine Testabspaltung mit anschließender HPLC und MS-Analyse ist in einem solchen Fall das Mittel der Wahl zur Untersuchung der Kupplungausbeute. Nach der Reaktion wurde das Harz dreimal mit DCM und dreimal mit NMP gewaschen.

3. *Waschen*: Nach jedem Kupplungsschritt wurde das Harz mit 2 mL NMP pro 100 mg Harz mindestens dreimal ausgiebig gewaschen.

4. *Capping*: Wenn nötig wurden, zur Vermeidung unerwünschter Peptidsequenzen, verbliebene freie Aminofunktionen mit einer Lösung aus DMF/Ac$_2$O/DIPEA, 9:0.5:0.5 (Volumenverhältnis) 10 Minuten geschüttelt. Nach dem *Capping*-Schritt wurde das Harz mit NMP ausgiebig gewaschen.

5. *Final wash*: Vor jeder Syntheseunterbrechung oder nach Beendigung der Synthese, wurde das Harz jeweils dreimal mit NMP, DCM und MeOH gewaschen und im Exsikkator-Vakuum gelagert.

AAV 6: Automatisierte Peptidsynthese

Die automatisierte Festphasensynthese wurde an einem Peptidsynthesizer *ABI* 433 A der Firma APPLIED BIOSYSTEMS. Die Synthese erfolgte an *NovaSyn*® TGR Harz mit einer Belegungsdichte von 0.20 mmol/g. Bei den benutzten Synthesechemien handelt es sich um modifizierte Versionen der Standardprotokolle:[165]

- *FastMoc* 0.10 Ω Mon PrevPeak

- *FastMoc* 0.25 Ω Mon PrevPeak

- *FastMoc* 0.10 Ω CondMon PrevPeak

Abhängig von der Durchflussgeschwindigkeit betrug das Volumen der Spülreagenzien 2–3 mL. Der Schrittweise Aufbau des Peptids erfolgte im Allgemeinen nach folgendem Schema:

1. Zum Entfernen der Fmoc-Schutzgruppe wurde das Harz zuerst für 2 Minuten mit 18 % Piperidin in NMP (1 mL) versetzt und nach Filtration erneut für 8 Minuten mit 18 % Piperidin in NMP (1 mL).

2. Das Harz wurde zur Reinigung ausgiebig mit NMP gespült (4 ×) und im Stickstoffstrom getrocknet.

3. Für die Kupplung der Aminosäuren wurden 4.0 Äquivalente der Aminosäure in NMP (2 mL) gelöst und 6 Minuten mit einer Lösung von HBTU/HOBt (3.9 Äquivalente) in DMF präaktiviert. Nach dem Zusatz einer DIPEA-Lösung (10 Äquivalente) in NMP wurde die Mischung zum Harz gegeben und 45 Minuten geschüttelt.

4. Nach Spülen des Harzes mit NMP (2 ×) wurde mit einer *Capping*-Lösung aus Ac_2O/DMF (1:9) gecappt.

Die Schritte 1–4 wurden bis zum Erreichen der gewünschten Peptidlänge wiederholt. Nach Entschützen der *N*-terminalen Aminosäure wurde der *Final wash* durchgeführt und das Harz im Exsikkator-Vakuum getrocknet. Die Abspaltung und Aufarbeitung erfolgte gemäß **AAV 7**.

AAV 7: Abspaltung von der festen Phase

Das trockene Harz wurde in eine mit Fritte versehenen Polypropylen-Spritze überführt und eine Lösung aus DTT, Anisol, TES und H_2O in TFA (1:1:0.5:0.5:22, w:v:v:v:v) zugegeben. Die Suspension wurde 2.5 h kräftig geschüttelt und die Peptidlösung anschließend in ein *Falcon Tube* überführt, die feste Phase erneut kurz mit TFA gewaschen und die flüssigen Phasen vereinigt.

AAV 8: Aufarbeitung der Rohprodukte

Ausfällung: Die TFA-Lösung mit den Abspaltungprodukten und den *Scavengern* wurde in einem *Falcon-Tube* bei vermindertem Druck am Rotationsverdampfer auf etwa ein Zehntel des Volumens eingeengt und langsam mit einem Überschuß von MTBE (1:10, v:v) versetzt. Diese Lösung wurde auf −18 °C temperiert.

Zentrifugation: Die Suspension der Rohpeptide in MTBE wurde in *Falcon-Tubes* bei 0–5 °C und 8000 rpm für 20 Minuten zentrifugiert. Anschließend wurde die Lösung von dem festen peptidischen Rückstand entfernt und die Rohprodukte erneut mit MTBE versetzt. Nach Erzeugung einer Suspension im Ultraschallbad und Abkühlung auf −18 °C wurde die Zentrifugation wiederholt. Diese Prozedur wurde mehrmals durchgeführt um sämtliche Spuren von *Scavengern* zu entfernen.

Lyophilisierung: Nach Abdekantieren der MTBE-Lösung wurde das Rohpeptid im HV getrocknet, in minimaler Menge 10%igem wässrigem Acetonitril gelöst und lyophilisiert.

AAV 9: Faltung zum Cystinknoten

Die Faltung der linearen Vorstufe zum Cystinknoten wurde erreicht durch Lösen des reduzierten Peptids in 50 μL einer 0.01 M wäßrigen HCl-Lösung pro mg Edukt und Zugabe von 0.2 M wäßriger NH_4HCO_3-Lösung, um einen pH-Wert von etwa 9 und eine Peptidkonzentration von 1.0–2.0 mg/mL zu erhalten. Diese Lösung wurde in einem PET-Container, um ein Anhaften der cysteinreichen Peptide an Glasoberflächen auszuschließen, inkubiert und 24 h leicht geschüttelt. Die Reaktionsmischung wurde anschließend in ein *Falcon Tube* überführt und solange lyophilisiert bis kein Ammoniakgeruch mehr feststellbar war. Das oxidierte Rohprodukt wurde mittels RP-HPLC gereinigt und die vereinigten Produktfraktionen lyophilisiert.

9.4 Synthesen

9.4.1 Unnatürliche Aminosäuren

N-Boc-L-Ser(2'-propin)-OH (38)[228]

37
$C_8H_{15}NO_5$
[205.21]

38
$C_{11}H_{17}NO_5$
[243.26]

Natriumhydrid (790 mg, 32.9 mmol, 2.7 Äq., 60%ige Suspension in Mineralöl) wurde durch mehrmaliges Suspendieren in Pentan vom Mineralöl befreit, im Vakuum getrocknet und Dimethylformamid (10 mL) zugegeben. Unter Argon wurde anschließend *N*-Boc-L-Ser-OH (37) (2.50 g, 12.2 mmol, 1.0 Äq.) in Dimethylformamid (40 mL) bei 0 °C zugetropft. Nach 10 Minuten wurde Propargylbromid (1.81 g, 15.2 mmol, 1.3 Äq., 80 % in Toluol) langsam zugegeben und die Reaktionsmischung 3 h bei Raumtemperatur gerührt. Das Rohprodukt wurde flash-chromatografisch (10 cm × 2 cm, Essigester) gereinigt, wobei ein braunes hochviskoses Öl zu erhalten wurde (2.77 g, 89 %).

Analytische Daten:

DC (EE/MeOH 20:1): $R_f = 0.45$.

^{1}**H-NMR** (300 MHz, CDCl$_3$): $\delta = 1.42$ (s, 9 H, Boc-CH$_3$), 2.43 (t, $^4J_{H,H} = 1.5$ Hz, 1 H, HCC), 3.77 – 4.00 (m, 2 H, β-H), 4.13 (t, $^4J_{H,H} = 1.5$ Hz, 2 H, OCH$_2$), 4.43

(m, 1 H, α-H), 5.40 (d, $^3J_{H,H}$ = 4.5 Hz, 1 H, NH), 10.93 (s, 1 H, COOH) ppm.

^{13}**C-NMR** (75 MHz, CDCl$_3$): δ = 28.2 (CH$_3$), 53.6 (α-C), 58.6 (OCH$_2$), 69.5 (β-C), 75.2, 78.7, 80.2, 155.6, 174.5 (COOH) ppm.

IR (Film): 1165, 1511, 1715, 2118, 2934, 2979, 3292 cm^{-1}.

MS (ESI) m/z: 266.0 [M + Na]$^+$, 242.0 [M - H]$^-$, 507.2 [2 M - 2 H + Na]$^-$.

H-L-Ser(2'-Propin)-OH (38b)

N-Boc-L-Ser(2'-Propin)-OH (**38**) wurde in 1,2-Dichlorethan (25 mL) gelöst und mit TFA (2.40 mL, 31.3 mmol, 6.0 Äq.) versetzt. Nach 45 Min bei 50 °C wurde die Lösung auf RT abgekühlt und mit DCM (50 mL) verdünnt. Zu dieser Mischung wurde Amberlyst A-21 (6.00 g) gegeben und 45 Min bei RT geschüttelt, anschließend wurde der Ionentauscher abfiltriert und die Lösungsmittel am Rotationsverdampfer entfernt. Das Produkt wurde ohne weitere Reinigung in der Fmoc-Schützung eingesetzt.

N-Fmoc-L-Ser(2'-Propin)-OH (39)[229]

38
$C_{11}H_{17}NO_5$
[243.26]

39
$C_{21}H_{19}NO_5$
[365.39]

Zu *N*-Boc-L-Ser(2'-Propin)OH (**38**) (1.96 g, 8.00 mmol, 1.0 Äq.) wurde unter Eis-kühlung TFA (15 mL) gegeben und das Reaktionsgemisch 30 Min gerührt. An-schließend wurde das LM i. Vak. entfernt. Zum entstandenen H-L-Ser(2'-Propin)-OH (**38b**) wurde unter Eiskühlung langsam 10%ige Na_2CO_3-Lösung (22 mL) ge-geben. Fmoc-Cl (2.21 g, 8.50 mmol, 1.0 Äq.) wurde in Dioxan (18 mL) gelöst und langsam zu dem Reaktionsgemisch getropft. Anschließend wurde das Reaktions-gemisch für 1 h bei 0 °C und nach Entfernen des Eisbades nochmals 1 h bei RT gerührt. Die Reaktion wurde mit dem. Wasser (20 mL) gequencht. Die Mischung wurde mit Diethylether (2 × 40 mL) ausgeschüttelt, die Phasen getrennt und die wässrige Phase mit 37 % HCl auf pH = 1 gebracht. Die wässrige Phase wurde mit Essigsäureethylester (2 × 60 mL) extrahiert, die org. Phasen vereint und das LM i. Vak. entfernt. Als Produkt wurde ein brauner Feststoff (2.74 g, 93 %) erhalten.

Analytische Daten:

DC (EE/MeOH 20:1): R_f = 0.88.

^{1}H-NMR (200 MHz, CD_3OD): δ = 2.84 (t, 1 H, α-CH), 3.75-3.95 (m, 2 H, β-CH_2), 4.15 – 4.20 (m, 3 H, Fmoc-CH, Fmoc-CH_2), 4.26 (m, 2 H, OCH_2), 4.32 (t, 1 H, CCH), 7.25 (t, 2 H, Fmoc-3-H/Fmoc-4-H), 7.39 (t, 2 H, Fmoc-3-H/Fmoc-4-H),

7.69 (m ,2 H, Fmoc-2-H), 7.78 (d, 2 H, Fmoc-4-H) ppm.

^{13}C-NMR (75 MHz, CD$_3$OD): δ = 7.1 (Fmoc-CH), 55.5 (α-C), 67.5 (Fmoc-CH), 70.4, 76.4, 120.9 (Fmoc-4-C), 126.3 (Fmoc-1-C), 128.1 (Fmoc-2-C), 128.8 (Fmoc-3-C), 142.5 (Fmoc-4a-C), 145.1 (Fmoc-8a-C), 145.3 (Fmoc-CO), 173.2 (COOH) ppm.

MS (ESI) m/z: 366.0 [M + H]$^+$, 388.2 [M + Na]$^+$.

Drehwert: $[\alpha]_D^{20}$ = + 7.3°.

N-Fmoc-L-Lys(ϵ-azido)-OH (41)[230]

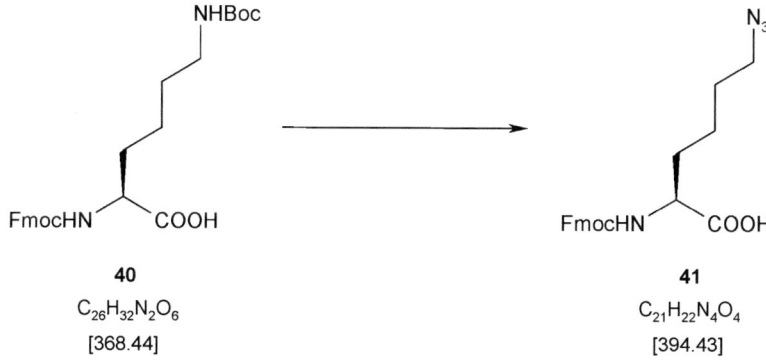

40
C$_{26}$H$_{32}$N$_2$O$_6$
[368.44]

41
C$_{21}$H$_{22}$N$_4$O$_4$
[394.43]

Zu *N*-Fmoc-L-Lys(Boc)-OH (**40**) (500 mg, 1.07 mmol, 1.0 Äq.) wurde unter bei 0 °C TFA (10 mL) gegeben und für 2 h Rühren gelassen. Das TFA wurde i. Vak. entfernt, der Rückstand in dem. Wasser (ca 8 mL) aufgenommen und lyophilisiert. Das entstandene *N*-Fmoc-L-Lys-OH wurde ohne weitere Reinigung oder Charakterisierung weiterverwendet. Unter Schutzgasatmosphäre wurde Natriumazid (680 g, 10.5 mmol, 1.0 Äq.) bei 0 °C in Wasser (2 mL) und DCM (3.4 mL) gelöst. Im Gegenstrom wurde langsam Trifluormethan-sulfonsäureanhydrid (350 µL, 2.13 mmol, 2.0 Äq.) hinzugefügt und das Reaktionsgemisch für 1.5 h gerührt. Anschließend wurde das Eisbad entfernt und das Reaktionsgemisch für weitere 30 Min bei RT gerührt. Nach Trennung der Phasen wurde die wässrige Phase mit DCM (2 ×

1 mL) extrahiert. Die organischen Phasen wurden vereinigt und mit ges. Na_2CO_3-Lsg. neutral gewaschen. Das *N*-Fmoc-L-Lys-OH, $CuSO_4$ (2.00 mg, 12.5 µmol, 1 mol%) und K_2CO_3 (225 mg, 1.60 mmol, 1.5 Äq.) wurden in Wasser (4.5 mL) und MeOH (9 mL) gelöst und unter Schutzgasatmosphäre gebracht. Die Trifluormethansulfonsäureazid-Lösung wurde langsam zu der Lösung gegeben und das Reaktionsgemisch anschließend für 16 h bei RT gerührt. Das DCM wurde i. Vak. entfernt. Zu dem Rückstand wurde dem. Wasser (10 mL) und NaH_2PO_4-Puffer (pH = 6, 10 mL) hinzugefügt und mit Essigsäureethylester (4 × 15 mL) extrahiert. Die wässrige Phase wurde mit 37 % HCl auf pH = 1 gebracht und mit Essigsäureethylester (3 × 15 mL) extrahiert. Die vereinigten organischen Phasen wurden über Na_2SO_4 getrocknet und eingeengt. Die Reinigung des Produktes erfolgte mittels Flash-Säulenchromatographie (18 × 2 cm, EE/MeOH 8.5:1.5). Als Produkt wurde ein bräunliches Öl (135.0 mg, 38 %) erhalten.

Analytische Daten:

DC (EE/MeOH 4:1) R_f = 0.79.

^{1}H-NMR (200 MHz, CD_3OD): δ = 1.56 – 1.74 (m, 2 H, γ-CH_2), 1.83 – 2.02 (m, 2 H, β-CH_2), 3.25 – 3.32 (m, 2 H, δ-CH_2), 4.00 – 4.14 (m, 1 H, α-CH), 4.15 – 4.21 (m, 1 H, Fmoc-CH), 4.25 – 4.43 (m, 2 H, Fmoc-CH_2), 7.25 – 7.42 (m, 4 H, Fmoc-2-H, Fmoc-3-H), 7.61 – 7.69 (m, 2 H, Fmoc-1-H), 7.89 (d, 2 H, Fmoc-4-H) ppm.

^{13}C-NMR (75 MHz, CD_3OD): δ = 14.5, 20.9 (β-CH_2), 26.4 (γ-CH_2), 30.7, 52.2 (δ-CH_2), 56.2 (α-CH), 61.5 (Fmoc-CH), 67.7 (Fmoc-CH_2), 120.9 (Fmoc-4-C), 126.2 (Fmoc-1-C), 128.5 (Fmoc-2-C, Fmoc-3-C), 142.6 (Fmoc-4a-C), 145.3 (Fmoc-8a-C), 158.5 (Fmoc-CO), 173.0 (COOH) ppm.

MS (DCI) m/z: 417 $[M + Na]^+$, 811 $[2 M + Na]^+$.

HRMS (ESI): $C_{21}H_{22}N_4O_4$

[M + H$^+$]   ber. 395.17138

gef. 395.17130,

[M + Na$^+$]   ber. 417.15333

gef. 417.15320.

N-Boc-L-Ala(β-azido)-OH (44)[231]

43
$C_8H_{13}NO_4$
[187.20]

44
$C_8H_{14}N_4O_4$
[230.23]

N-Boc-L-Serinlacton (**43**) (200 mg, 1.10 mmol, 1.0 Äq.) und Natriumazid (93.3 mg, 1.40 mmol, 1.3 Äq.) wurden unter Schutzgasatmosphäre in abs. DMF (10 mL) gelöst. Das Reaktionsgemisch wurde bei RT für 2.5 h gerührt und anschließend das LM mittels Rotationsverdampfer entfernt. Der gelbliche Rückstand wurde in NH$_4$Cl-Lösung (10 mL) aufgenommen und mit Essigsäureethylester (3 × 10 mL) extrahiert. Die organischen Phasen wurden vereint und das Lösungsmittel im Vakuum entfernt. Als Produkt wurde ein weißer Feststoff (0.21 g, 86 %) erhalten.

Analytische Daten:

DC (DCM/MeOH 19:1) R$_f$ = 0.30.

^{1}H-NMR (300 MHz, CD$_3$OD): δ = 1.42 (s, 9 H, Boc-CH$_3$), 3.62 (m, 2 H, β-H), 4.38 (m, 1 H, α-H) ppm.

^{13}C-NMR (75 MHz, CD$_3$OD): δ = 28.7 (Me), 53.4 (β-C), 55.3 (α-C), 157.7 (Boc), 173.4 (COOH) ppm.

IR (Film): 1163, 1708, 2108, 2933, 2980, 3343 cm^{-1}.

MS (ESI) m/z: 229.0 [M - H]$^-$, 481.2 [2 M - 2 H + Na]$^-$.

Drehwert: $[\alpha]_D^{20}$ = + 15.2°.

9.4.2 Linkermoleküle

1,6-Bis-prop-2-ynyloxy-hexan (46)

45	46
$C_6H_{12}Br_2$	$C_{12}H_{18}O_2$
[243. 97]	[194. 28]

Natriumhydrid (1.63 g, 67.7 mmol, 3.0 Äq., 60%ige Suspension in Mineralöl) wurde durch mehrmaliges Suspendieren in Pentan vom Mineralöl befreit und im Vakuum getrocknet. Unter Argon wurde anschließend Dimethylformamid (20 mL) zugegeben, die Suspension auf 0 °C gekühlt und langsam Propargylalkohol (4.00 mL, 67.7 mmol, 3.0 Äq., 80 % in Toluol) zugetropft. Nach 10 Minuten wurde 1,6-Dibromhexan (**45**) (3.44 mL, 22.6 mmol, 1.0 Äq.) zugegeben und die Reaktionsmischung über Nacht auf Raumtemperatur erwärmt. Die Suspension wurde mit Wasser (200 mL) versetzt und mit Diethylether (3 × 50 mL) extrahiert. Die vereinigten organischen Phasen wurde mit Wasser (30 mL) gewaschen, über Na_2SO_4 getrocknet und evaporiert. Als Produkt konnte durch Flash-Chromatografie (20 cm × 2 cm, Pentan) eine klare, schwach gelbe Flüssigkeit (808 mg, 18 %) erhalten werden.

Analytische Daten:

DC (Pentan/EE 3:1) R_f = 0.76.

^{1}H-NMR (300 MHz, CDCl$_3$): δ = 1.38 (m, 4 H, 2 × CH$_2$), 1.59 (m, 4 H, 2 × CH$_2$), 2.39 (t, $^4J_{H,H}$ = 1.4 Hz, 2 H, 2 × HCC), 3.48 (t, $^3J_{H,H}$ = 3.3 Hz, 4 H, 2 × O-CH$_2$), 4.10 (d, $^4J_{H,H}$ = 1.4 Hz, 4 H, 2 × CC-CH$_2$) ppm.

^{13}C-NMR (75 MHz, CD$_3$OD): δ = 25.8, 29.4, 57.9, 70.1, 74.0, 80.00 ppm.

IR (Film): 1100, 2116, 2860, 2938, 3294 cm^{-1}.

MS (DCI) m/z: 212.2 [M + NH$_4$]$^+$.

1,6-Diazido-hexan (48)[232]

$$Br\text{-----}Br \longrightarrow N_3\text{-----}N_3$$

47	48
$C_6H_{12}Br_2$	$C_6H_{12}N_6$
[243.97]	[168.20]

Natriumazid (3.00 g, 46.1 mmol, 2.5 Äq.) wurde unter Schutzgasatmosphäre in einer Lösung von 1,6-Dibromhexan (**45**) (2.80 mL, 18.5 mmol, 1.0 Äq.) in Dimethylformamid (40 mL) suspendiert und auf 60 °C erhitzt. Nach 12 h wurde die Suspension mit Wasser (300 mL) versetzt und mit Diethylether (3 × 50 mL) extrahiert. Die vereinigten organischen Phasen wurde mit Wasser (30 mL) gewaschen, über Na_2SO_4 getrocknet und evaporiert. Ohne weitere Aufreinigung konnte das klare, farblose Produkt (2.81 g, 90.3 %) isoliert werden.

Analytische Daten:

DC (Pentan) R_f = 0.23.

^{1}H-NMR (300 MHz, CDCl$_3$): δ = 1.39 (m, 4 H, 2 × CH$_2$), 1.58 (m, 4 H, 2 × CH$_2$), 3.26 (t, $^3J_{H,H}$ = 3.6 Hz, 4 H, 2 × N-CH$_2$) ppm.

^{13}C-NMR (75 MHz, CD$_3$OD): δ = 26.2, 28.6, 51.2 ppm.

IR (Film): 1715, 2117 (N$_3$), 2934, 3291 cm^{-1}.

MS (EI) m/z: 42.0 [M - 2 × N$_3$]$^{2+}$.

1,8-Diazido-oktan (50)[232]

	49		50
	$C_8H_{16}Br_2$		$C_8H_{16}N_6$
	[272.02]		[196.23]

Natriumazid (2.20 g, 32.4 mmol, 2.1 Äq.) wurde unter Schutzgasatmosphäre in einer Lösung von 1,8-Dibromhexan (**45**) (3.00 mL, 16.2 mmol, 1.0 Äq.) in Dimethylformamid (40 mL) suspendiert und auf 60 °C erhitzt. Die Lösung nahm eine schwach braune Farbe an. Nach 14 h wurde die Suspension mit Wasser (300 mL) versetzt und mit Diethylether (4 × 50 mL) extrahiert. Die vereinigte organische Phase wurde mit Wasser (20 mL) gewaschen, über Na_2SO_4 getrocknet und evaporiert. Ohne weitere Aufreinigung konnte das klare, farblose Produkt (2.45 g, 77 %) isoliert werden.

Analytische Daten:

DC (Pentan) R_f = 0.80.

^{1}H-NMR (300 MHz, CDCl$_3$): δ = 1.24 – 1.39 (m, 8 H, 4 × CH$_2$), 1.56 (m, 4 H, 2 × CH$_2$), 3.22 (t, $^3J_{H,H}$ = 3.6 Hz, 4 H, 2 × N-CH$_2$) ppm.

^{13}C-NMR (75 MHz, CD$_3$OD): δ = 26.6, 28.8, 29.0, 51.4 ppm.

MS (ESI) m/z: 214.4 [M + NH$_4$]$^+$.

1,6-Diazido-hexa-2,4-diin (53)[190]

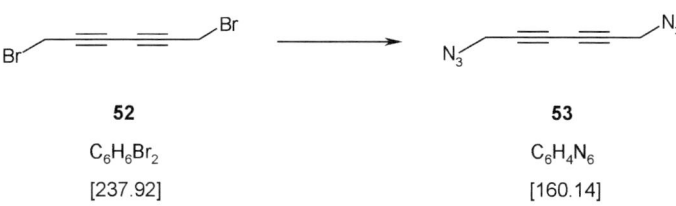

52	53
$C_6H_6Br_2$	$C_6H_4N_6$
[237.92]	[160.14]

In einem Einhalskolben wurde 1,6-Dibromo-2,4-diin-hexan (**52**) (280 mg, 1.19 mmol, 1.0 Äq.) in Ethanol (8 mL) gelöst und Natriumazid (308 mg, 4.75 mmol, 4 Äq.) hinzugefügt. Die Mischung wurde über Nacht gerührt und anschließend das Lösungsmittel bei vermindertem Druck entfernt. Das Rohprodukt wurde flash-chromatografisch gereinigt (15 cm × 2 cm, Pentan/EE = 1:1) und das Produkt als braune viskose Flüssigkeit (65 mg, 34 %) erhalten.

Analytische Daten:

DC (EE) R_f = 0.86.

^{1}H-NMR (300 MHz, DMSO-d_6): δ = 3.42 (m, 2 H, 2 × CH) ppm.

^{13}C-NMR (75 MHz, CD$_3$OD): δ = 39.7, 69.2, 73.9 ppm.

MS (EI): m/z: 76.0 [M - 2× N$_3$]$^+$, 160.0 [M$_0$]$^+$.

cyclo*Tri-FITC (55)

55

$C_{42}H_{49}N_{11}O_8S$

[867.99]

In einem 1.5 mL Eppendorfgefäß wurde *cyclo*(β-HLys(Azid)-β-HLys(Azid)-β-HLys) (**54**) (0.90 mg, 1.88 µmol, 1.0 Äq.) in 0.1 N Na_2CO_3-Lösung (0.23 µL) und DMF (0.10 µL) aufgenommen und mit einer Lösung von FITC (1.50 mg, 3.80 µmol, 2 Äq.) in DMF (0.65 µL) unter Lichtausschluss versetzt. Die Reaktionsmischung verfärbte sich unter Wärmeentwicklung sofort leuchtend orange und rührte über Nacht vor Licht geschützt. Nach 16 h wurde die Lösung lyophilisiert und nach HPLC-Reinigung das Produkt erhalten (1.20 mg, 73 %).

Analytische Daten:

HPLC: R_t = 23.01 Min (23 → 73 % B in 30 Min).

MS (ESI) m/z: 890.3 [M + Na]$^+$, 866.5 [M - H]$^-$.

9.4.3 Peptidsynthesen

Linear oMCoTI (1)

$$\overset{\text{SH}}{H-G\ V\ \overset{|}{C}\ P\ K\ I\ L\ K\ K\ \overset{\text{SH}}{\overset{|}{C}}\ R\ R\ D\ S\ D\ \overset{\text{SH}}{\overset{|}{C}}\ P\ G\ A\ \overset{\text{SH}}{\overset{|}{C}}\ I\ \overset{\text{SH}}{\overset{|}{C}}\ R\ G\ N\ G\ Y\ \overset{\text{SH}}{\overset{|}{C}}\ G-NH_2}$$

1

$C_{124}H_{211}N_{43}O_{36}S_6$

[3072.71]

Das Peptid wurde an *NovaSyn*® TGR Harz mit einer theoretischen Belegungska-pazität von 0.22 mmol/g synthetisiert. Die Belegung mit der ersten Aminosäure erfolgte mittels manueller SPPS nach AAV 2 und die weitere Kettenverlängerung wurde durch automatisierte SPPS am *ABI 433 A* Peptidsynthesizer nach AAV 6 vorgenommen. Abspaltung und Aufarbeitung wurde wie in AAV 7-8 beschrieben durchgeführt. Das Rohpeptid wurde mittels RP-HPLC gereinigt. Als Produkt wur-de ein weißer Feststoff erhalten (8.5 mg, 7 %).

Analytische Daten:

HPLC: R_t = 16.07 Min (10 → 50 % B in 20 Min).

MS (ESI) m/z: 1024.48 $[M + 3\ H]^{3+}$.

Linear oMCoTI^S (2)

$$\overset{\text{SH}}{H-S\ G\ V\ \overset{|}{C}\ P\ K\ I\ L\ K\ K\ \overset{\text{SH}}{\overset{|}{C}}\ R\ R\ D\ S\ D\ \overset{\text{SH}}{\overset{|}{C}}\ P\ G\ A\ \overset{\text{SH}}{\overset{|}{C}}\ I\ \overset{\text{SH}}{\overset{|}{C}}\ R\ G\ N\ G\ Y\ \overset{\text{SH}}{\overset{|}{C}}\ G-NH_2}$$

2

$C_{137}H_{216}N_{44}O_{38}S_6$

[3259.79]

Die Sequenz wurde bis zur zwanzigsten Aminosäure gemäß AAV 6 am Synthesi-zer aufgebaut und die verbliebenen Aminosäuren nach AAV 5 manuell gekuppelt.

Das Peptid wurde nach AAV 7 abgespalten und aufgearbeitet. Reinigung erfolgte mittels RP-HPLC. Als Produkt wurde ein weißer Feststoff erhalten (8.0 mg, 4 %).

Analytische Daten:

HPLC: R_t = 14.46 Min (10 → 50 % B in 20 Min).

MS (ESI) m/z: 790.37 $[M + 4 H]^{4+}$, 1053.49 $[M + 3 H]^{3+}$.

HRMS (ESI): $C_{137}H_{216}N_{44}O_{38}S_6$

$[M + 4 H]^{4+}$	ber.	790.37344
	gef.	790.37379,
$[M + 3 H]^{3+}$	ber.	1053.49549
	gef.	1053.49503.

oMCoTI^S (3)

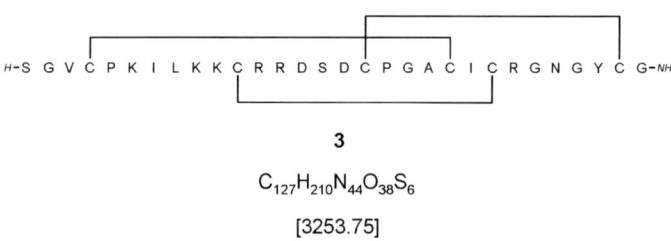

3

$C_{127}H_{210}N_{44}O_{38}S_6$

[3253.75]

Die Oxidation des linearen Peptids zur gefalteten Spezies mit Cystinknoten erfolgte nach der in AAV 9 beschriebenen Prozedur. Die Reinigung erfolgte durch anschließende RP-HPLC und ergab 5.0 mg (62 %).

Analytische Daten:

HPLC: R_t = 16.12 Min (10 → 50 % B in 30 Min).

MS (ESI) m/z: 631.29 [M + 5 H]$^{5+}$, 788.86 [M + 4 H]$^{4+}$.

HRMS (ESI): $C_{137}H_{216}N_{44}O_{38}S_6$

[M + 5 H]$^{5+}$ ber. 631.29082

                 gef. 631.29072.

Linear oMCoTI^{SDG} **(4)**

H—S D G G V C P K I L K K C R R D S D C P G A C I C R G N G Y C G—NH₂
(SH groups on C residues)

4

$C_{133}H_{224}N_{46}O_{42}S_6$

[3331.94]

Die ersten 20 Aminosäuren wurden gemäß AAV 6 am Synthesizer automatisiert gekuppelt und alle weiteren nach AAV 5 manuell. Das Peptid wurde nach AAV 2 von den Abspaltreagenzien befreit und ohne weitere Aufreinigung zur gefalteten Spezies oxidiert.

oMCoTI^{SDG} **(5)**

H—S D G G V C P K I L K K C R R D S D C P G A C I C R G N G Y C G—NH₂
(disulfide connectivity shown)

5

$C_{133}H_{218}N_{46}O_{42}S_6$

[3325.89]

Die Oxidation des linearen Peptids zur gefalteten Spezies mit Cystinknoten erfolgte nach der in AAV 9 beschriebenen Prozedur. Zur Reinigung wurde das Rohprodukt an einer RP-HPLC (C-4) chromatografisch getrennt. Es wurde ein weißer Feststoff erhalten (1.6 mg, 2 %).

Analytische Daten:

HPLC: R_t = 15.93 Min (5 → 40 % B in 30 Min).

MS (ESI) m/z: 1109.50 $[M + 3 H]^{3+}$.

oMCoTI^S-aldehyd (6)

6

$C_{126}H_{205}N_{43}O_{38}S_6$

[3122.69]

Eine Lösung von oMCoTI^S (250 µg, 80.0 nmol, 1.0 Äq.) (**3**) in 0.1 mM Phosphat-puffer (50 µL) wurde mit einer Lösung aus NaIO$_4$ (67.8 µg, 320 nmol, 4.0 Äq.) in 0.1 mM Phosphatpuffer (50 µL) versetzt. Die Mischung wurde 5 Min leicht geschüttelt und anschließend durch eine Lösung von Glykol (17.7 nL, 320 nmol, 4.0 Äq.) in 0.1 mM Phosphatpuffer (20 µL) gequencht. Die Lösung wurde ohne weitere Aufarbeitung mittels RP-HPLC aufgetrennt. Das vereinigten Produktfrak-tionen wurden lyophilisiert und das Produkt isoliert (120 µg, 48 %).

Analytische Daten:

HPLC: R_t = 14.82 Min (9 → 49 % B in 30 Min).

MS (ESI): m/z: 1041.13 $[M + 3 H]^{3+}$.

Linear oMCoTI^{SKKV} (7)

$$SH \qquad SH \qquad SH \qquad SH \quad SH \qquad SH$$
$$H-S\ K\ K\ V\ G\ V\ C\ P\ K\ I\ L\ K\ K\ C\ R\ R\ D\ S\ D\ C\ P\ G\ A\ C\ I\ C\ R\ G\ N\ G\ Y\ C\ G-NH_2$$

7

$$C_{144}H_{249}N_{49}O_{41}S_6$$

[3515.28]

Die Belegung mit der ersten Aminosäure erfolgte mittels manueller SPPS gemäß AAV 2 und die weitere Kettenverlängerung wurde durch automatisierte SPPS gemäß AAV 6 vorgenommen. Die Kupplung der letzten vier AS erfolgte wieder manuell nach AAV 5. Abspaltung und Aufarbeitung wurde gemäß AAV 7-8 durchgeführt. Das Rohpeptid (120 mg) wurde ohne Aufreinigung wie in AAV 9 beschrieben oxidiert.

Analytische Daten:

MS (ESI) m/z: 879.19 $[M + 4\ H]^{4+}$, 1172.25 $[M + 3\ H]^{3+}$.

oMCoTI^{SKKV} (8)

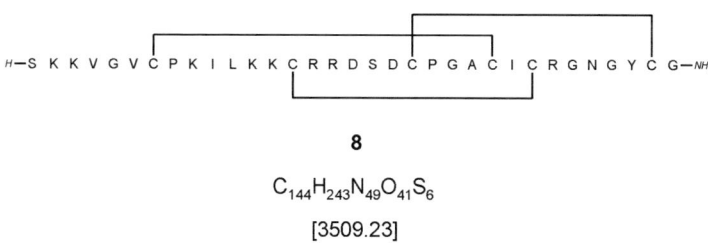

8

$$C_{144}H_{243}N_{49}O_{41}S_6$$

[3509.23]

Die Oxidation des linearen Peptids zur gefalteten Spezies mit Cystinknoten erfolgte nach AAV 9. Zur Reinigung wurde das Peptid an einer RP-HPLC chromatografisch gesäubert. Als Produkt wurde ein weißer Feststoff erhalten (2.6 mg, 2 %).

Analytische Daten:

HPLC: R_t = 16.99 Min (10 → 50 % B in 30 Min).

MS (ESI) m/z: 702.75 $[M + 5 H]^{5+}$, 878.18 $[M + 4 H]^{4+}$.

Linear oMCoTI^{N3} (9)

9

$C_{127}H_{215}N_{47}O_{37}S_6$

[3184.81]

Zu einer Lösung aus N-Boc-L-Ala(β-azido)-OH (**44**) (64.9 mg, 282 µmol, 4.0 Äq.), HOAt (37.4 mg, 275 µmol, 3.9 Äq.) und HCTU (31.2 mg, 275 µmol, 3.9 Äq.) in der minimalen Menge NMP wurde NMM (60.4 µL, 550 µmol, 7.8 Äq.) gegeben. Diese Mischung reagierte mit oMCoTI-II an fester Phase in einer Polypropylen Spritze für 60 Min. Anschließend wurde das Harz mit NMP gewaschen und die Reaktion mit frischen Reagenzien wiederholt. Nach dem *Final Wash* wurde das Peptid gemäß AAV 7 mit TFA vom Harz abgespalten und mittels RP-HPLC gereinigt. Es konnten ein farbloser Feststoff erhalten werden (4.5 mg, 2 %).

Analytische Daten:

HPLC: R_t = 17.40 Min (10 → 50 % B in 30 Min).

MS (ESI) m/z: 637.70 $[M + 5 H]^{5+}$, 796.63 $[M + 4 H]^{4+}$, 1061.63 $[M + 3 H]^{3+}$.

HRMS (ESI): $C_{130}H_{218}N_{44}O_{38}S_6$

$[M + 5\,H]^{5+}$ 　　　　　　　ber. 637.70203

　　　　　　　　　　　　　　gef. 637.70114.

Linear oMCoTI(Cys$_{Acm}$)^{N3} (24)

24

$C_{145}H_{245}N_{53}O_{43}S_6$

[3611. 28]

Zu einer Lösung aus *N*-Boc-L-Ala(β-azido)-OH (**44**) (92.1 mg, 400 µmol, 4.0 Äq.), HOAt (53.1 mg, 390 µmol, 3.9 Äq.) und HBTU (148 mg, 390 µmol, 3.9 Äq.) in der minimalen Menge NMP wurde NMM (85.6 µL, 780 µmol, 7.8 Äq.) gegeben. Diese Mischung reagierte mit dem linearen oMCoTI-II(Acm) an fester Phase in einer Polypropylen Spritze 60 Min. Anschließend wurde das Harz mit NMP gewaschen und die Reaktion mit frischen Reagenzien wiederholt. Nach dem *Final Wash* wurde das Peptid gemäß AAV 7 mit TFA vom Harz abgespalten. Die Acm-Schutzgruppe des Cysteins blieb durch die Abspaltungsbedingungen erhalten. Das Rohprodukt wurde ohne weitere Reinigung in dem oxidativen Entschützungsprozess mit Jod eingesetzt.

Analytische Daten:

MS (ESI) m/z: 723.35 $[M + 5\,H]^{5+}$, 903.94 $[M + 4\,H]^{4+}$, 1204.91 $[M + 3\,H]^{3+}$.

oMCoTI^{N3} (10)

10

$C_{127}H_{209}N_{47}O_{37}S_6$

[3178.76]

a) Die Oxidation des linearen ungeschützten Peptids zur gefalteten Spezies mit Cystinknoten erfolgte gemäß AAV 9. Das Rohprodukt wurde nach Abspaltung und Aufarbeitung RP-HPLC gereinigt und ergab einen gelblichen Feststoff (2.0 mg, 45 %).

b) Unter Stickstoffatmosphäre wurde das Rohpeptid (lineares oMCoTI(Cys$_{Acm}$)^{N3}) (50.0 mg) in entgastem MeOH (4 mL) gelöst und mit einer Lösung von Jod (246 mg, 0.97 µmol, 70 Äq.) in entgastem DCM (10 mL) versetzt. Nach 2.5 h wurde die Mischung mit Wasser verdünnt, mit DCM ausgeschüttelt bis die org. Phase keine Färbung mehr zeigte und die wässrige Phase lyophilisiert. Das Produkt (1.2 mg, 2 %) erhielt man neben unvollständig entschützten Peptiden nach RP-HPLC Reinigung.

Analytische Daten:

HPLC: R_t = 15.73 Min (10 → 40 % B in 30 Min).

MS (ESI) m/z: 636.70 [M + 5 H]$^{5+}$, 795.62 [M + 4 H]$^{4+}$.

Linear oMCoTl$^{C-S(2'-Propin)}$ (17)

17

$C_{130}H_{218}N_{44}O_{38}S_6$

[3197.84]

Die Belegung des Harzes mit der unnatürlichen Aminosäure *N*-Fmoc-L-Ser(2'-Propin)-OH (**39**) wurde wie in AAV 2 beschrieben manuell durchgeführt. Das Harz wurde anschließend in ein 0.1 mmol *Reaction Vessel* überführt und alle weiteren Aminosäuren mittels automatisierter SPPS gemäß AAV 6 am Synthesizergekuppelt. Das Rohprodukt wurde nach Abspaltung und Aufarbeitung RP-HPLC gereinigt und ergab eine weißen Feststoff (1.1 mg, 1 %).

Analytische Daten:

HPLC: R_t = 17.92 Min (10 → 50 % B in 30 Min).

MS (ESI) m/z: 799.88 $[M + 4\,H]^{4+}$, 1066.17 $[M + 3\,H]^{3+}$.

HRMS (ESI): $C_{130}H_{218}N_{44}O_{38}S_6$

$[M + 3\,H]^{3+}$		
	ber.	1066.16737
	gef.	1066.16642.

oMCoTI$^{C-S(2'-Propin)}$ **(18)**

18

$C_{130}H_{212}N_{44}O_{38}S_6$

[3191.80]

Die Oxidation des linearen Peptids zur gefalteten Spezies mit Cystinknoten erfolgte gemäß AAV 9. Das Rohprodukt wurde nach Abspaltung und Aufarbeitung gemäß AAV 7-8 RP-HPLC gereinigt und ergab einen weißen Feststoff (0.62 mg, 1 %).

Analytische Daten:

HPLC: R_t = 15.43 Min (10 → 50 % B in 30 Min).

MS (ESI) m/z: 798.37 [M + 4 H]$^{4+}$, 1064.49 [M + 3 H]$^{3+}$.

Linear oMCoTI$^{S(2'-Propin)-N3}$ **(19)**

19

$C_{131}H_{219}N_{47}O_{38}S_6$

[3252.88]

Zu einer Lösung aus *N*-Boc-L-Ala(β-azido)-OH (**44**) (16.2 mg, 70.5 μmoL, 4.0

Äq.), HOAt (9.35 mg, 68.7 μmoL, 3.9 Äq.) und HCTU (7.80 mg, 68.7 μmoL, 3.9 Äq.) in der minimalen Menge NMP wurde NMM (15.1 μL, 137 μmoL, 7.8 Äq.) gegeben. Diese Mischung reagierte mit oMCoTI$^{C-S(2'-Propin)}$ an fester Phase in einer Polypropylen Spritze für 60 Min. Anschließend wurde das Harz mit NMP gewaschen und die Reaktion mit frischen Reagenzien wiederholt. Nach dem *Final Wash* wurde das Peptid wie in AAV 7 beschrieben mit TFA vom Harz abgespalten und mittels RP-HPLC gereinigt (0.18 mg, 1 %).

Analytische Daten:

HPLC: R_t = 23.88 Min (20 → 35 % B in 30 Min).

MS (ESI) m/z: 813.89 [M + 4 H]$^{4+}$, 1083.84 [M + 3 H]$^{3+}$.

Linear oMCoTI$^{S(2'-Propin)}$ **(11)**

11

$C_{130}H_{218}N_{44}O_{37}S_6$

[3197.84]

Zu einer Lösung aus *N*-Boc-L-Ser(2'-Propin)-OH (**38**) (83.3 mg, 22.8 μmoL, 4.0 Äq.), HOAt (30.3 mg, 22.2 μmoL, 3.9 Äq.) und HCTU (25.3 mg, 22.2 μmoL, 3.9 Äq.) in der minimalen Menge NMP wurde NMM (48.9 μL, 44.4 μmoL, 7.8 Äq.) gegeben. Diese Mischung reagierte mit oMCoTI-II an fester Phase in einer Polypropylen Spritze für 60 Min. Anschließend wurde das Harz mit NMP gewaschen und die Re-aktion mit frischen Reagenzien wiederholt. Nach dem *Final Wash* wurde das Peptid

(9.7 mg, 3 %) wie in AAV 7 beschrieben mit TFA vom Harz abgespalten und mittels RP-HPLC gereinigt.

Analytische Daten:

HPLC: R_t = 13.79 Min (10 → 50 % B in 30 Min).

MS (ESI): m/z: 800.38 $[M + 4\,H]^{4+}$.

oMCoTI$^{S(2'-Propin)}$ **(12)**

12

$C_{130}H_{212}N_{44}O_{38}S_6$

[3191.79]

Die Oxidation des linearen Peptids zur gefalteten Spezies mit Cystinknoten erfolgte gemäß der AAV 9. Das Rohprodukt wurde nach Entfernen des Lösungsmittels RP-HPLC gereinigt und ergab einen weißen Feststoff (4.5 mg, 47 %).

Analytische Daten:

HPLC: R_t = 12.64 Min (10 → 50 % B in 30 Min).

MS (ESI) m/z: 798.87 $[M + 4\,H]^{4+}$.

Linear oMCoTI^{N3KKV} (13)

13

$C_{144}H_{248}N_{52}O_{40}S_6$

[3540.29]

Nach der manuellen Belegung des Harzes gemäß AAV 2 mit der ersten Aminosäure wurden alle weiteren Aminosäuren nach gemäß AAV 6 automatisiert gekuppelt. Die letzte Kettenverlängerung erfolgte nach folgender Vorschrift. Zu einer Lösung aus *N*-Boc-L-Ala(β-azido)-OH (**44**) (64.9 mg, 28.2 µmoL, 4.0 Äq.), HOAt (37.4 mg, 27.3 µmoL, 3.9 Äq.) und HCTU (31.2 mg, 27.3 µmoL, 3.9 Äq.) in der minimalen Menge NMP wurde NMM (60.4 µL, 54.6 µmol, 7.8 Äq.) gegeben. Diese Mischung reagierte mit dem oMCoTI-II^{KKV} an fester Phase in einer Polypropylen Spritze für 60 Min. Anschließend wurde das Harz mit NMP gewaschen und die Reaktion mit frischen Reagenzien wiederholt. Nach dem *Final Wash* wurde das Peptid wie in AAV 7 beschrieben mit TFA vom Harz abgespalten und mittels RP-HPLC gereinigt. Es wurde ein weißer Feststoff erhalten (13.8 mg, 4 %).

Analytische Daten:

HPLC: R_t = 20.98 Min (10 $\rightarrow$ 50% B in 30 Min).

MS (ESI) m/z: 709.35 $[M + 5\,H]^{5+}$, 886.19 $[M + 4\,H]^{4+}$.

oMCoTI^{N3KKV} (14)

14

$C_{144}H_{242}N_{52}O_{40}S_6$

[3534.24]

Die Oxidation des linearen Peptids zur gefalteten Spezies mit Cystinknoten erfolgte nach in AAV 9 oben beschriebenen Prozedur. Die Reinigung erfolgte durch anschließende RP-HPLC und ergab einen farblosen Feststoff (5.5 mg, 40 %).

Analytische Daten:

HPLC: R_t = 16.45 Min (10 → 50 % B in 30 Min).

MS (ESI) m/z: 708.15 $[M + 5 H]^{5+}$, 885.18 $[M + 4 H]^{4+}$, 1179.75 $[M + 3 H]^{3+}$.

Linear oMCoTI$^{S(2'-Propin)KKV}$ (15)

15

$C_{147}H_{251}N_{49}O_{41}S_6$

[3553.33]

Zu einer Lösung aus *N*-Boc-L-Ser(2'-Propin)-OH (**38**) (243 mg, 1.04 mmol, 8.0 Äq.), HOAt (133 mg, 977 µmol, 7.8 Äq.) und HBTU (370 mg, 977 µmol, 7.8 Äq.) in der minimalen Menge NMP wurde NMM (214 µL, 1.95 mmol, 15 Äq.) gegeben. Diese Mischung reagierte mit oMCoTI-II an fester Phase in einer Polypropylen Spritze 60 min. Anschließend wurde das Harz mit NMP gewaschen und die Reaktion mit frischen Reagenzien wiederholt. Nach dem *Final Wash* wurde das Peptid wie oben beschrieben mit TFA vom Harz abgespalten und als Rohprodukt nach Befreiung von den *Scavengern* im oxidativen Faltungsprozess eingesetzt.

Analytische Daten:

HPLC: R_t = 18.47 Min (10 → 50 % B in 30 Min).

MS (ESI): m/z: 888.44 $[M + 4\,H]^{4+}$, 1184.25 $[M + 3\,H]^{3+}$.

oMCoTI$^{S(2'-Propin)KKV}$ **(16)**

16

$C_{147}H_{245}N_{49}O_{41}S_6$

[3547.28]

Die Oxidation des linearen Peptids zur gefalteten Spezies mit Cystinknoten erfolgte gemäß AAV 9. Das Rohprodukt wurde nach Entfernen des Lösungsmittels RP-HPLC gereinigt und das gefaltete Produkt erhalten (20.8 mg, 6 %).

Analytische Daten:

HPLC: R_t = 16.44 Min (10 → 50 % B in 30 Min).

MS (ESI) m/z: 709.95 $[M + 5\,H]^{5+}$, 887.18 $[M + 4\,H]^{4+}$.

HRMS (ESI): $C_{147}H_{245}N_{49}O_{41}S_6$

$[M + 5 H]^{5+}$ ber. 709.94561

gef. 709.94561,

$[M + 4 H]^{4+}$ ber. 887.18020

gef. 887.18017.

Linear oMCoTI$^{KKVS(2'-Propin)}$ **(20)**

20

$C_{145}H_{248}N_{48}O_{40}S_6$

[3496.27]

Die Belegung des Harzes mit der unnatürlichen Aminosäure *N*-Fmoc-L-Ser(2'-Propin)-OH (**39**) wurde gemäß AAV 2 manuell durchgeführt. Das Harz wurde anschließend in ein 0.1 mmol *Reaction Vessel* überführt und alle weiteren Aminosäuren mittels automatisierter SPPS am Synthesizer nach AAV 6 gekuppelt. Das Rohprodukt wurde nach Abspaltung und Befreiung von den Abspaltreagenzien entsprechend AAV 7-8 ohne weitere Reinigung zum Cystinknoten oxidiert.

Analytische Daten:

MS (ESI) m/z: 699.96 $[M + 5 H]^{5+}$.

oMCoTI$^{KKVS(2'-Propin)}$ **(21)**

21

$C_{145}H_{242}N_{48}O_{40}S_6$

[3490.23]

Die Oxidation des linearen Peptids zur gefalteten Spezies mit Cystinknoten erfolgte nach der in AAV 9 beschriebenen Prozedur. Das Rohprodukt wurde nach Lyophilisierung RP-HPLC gereinigt und das farblose Produkt erhalten werden (3.5 mg, 2 %).

Analytische Daten:

HPLC: R_t = 18.05 Min (10 → 50 % B in 30 Min).

MS (ESI) m/z: 698.54 $[M + 5\,H]^{5+}$, 872.93 $[M + 4\,H]^{4+}$, 1163.90 $[M + 3\,H]^{3+}$.

Linear oMCoTI$^{N3KKV-S(2'-Propin)}$ **(22)**

22

$$C_{148}H_{252}N_{52}O_{41}S_6$$

[3608.37]

Die Belegung des Harzes mit der unnatürlichen Aminosäure *N*-Fmoc-L-Ser(2'-Propin)-OH (**39**) wurde gemäß AAV 2 manuell durchgeführt. Das Harz wurde dann in ein 0.1 mmol *Reaction Vessel* überführt und alle weiteren natürlichen Aminosäuren mittels automatisierter SPPS am Synthesizer gemäß AAV 6 gekuppelt. Anschließend wurde die letzte Aminosäure nach folgender Prozedur manuell gekuppelt. Zu einer Lösung aus *N*-Boc-L-Ala(β-azido)-OH (**44**) (32.5 mg, 141 µmol, 4.0 Äq.), HOAt (18.7 mg, 137 µmol, 3.9 Äq.) und HCTU (15.6 mg, 137 µmol, 3.9 Äq.) in der minimalen Menge NMP wurde NMM (30.2 µL, 275 µmol, 7.8 Äq.) gegeben. Diese Mischung reagierte mit dem MCoTI-II$^{KKVS(2'-Propin)}$ an fester Phase in einer Polypropylen Spritze für 60 Min. Anschließend wurde das Harz mit NMP gewaschen und die Reaktion mit frischen Reagenzien wiederholt. Nach dem *Final Wash* wurde das Peptid gemäß AAV 7 mit TFA vom Harz abgespalten und von den Abspaltreagenzien befreit. Das Rohprodukt (48.7 mg) wurde direkt zum Cystinknoten oxidiert.

Analytische Daten:

HPLC: R_t = 21.72 Min (10 → 50% B in 30 Min).
MS (ESI) m/z: 721.96 [M + 5 H]$^{5+}$, 902.70 [M + 4 H]$^{4+}$.

oMCoTl$^{N3KKV-S(2'-Propin)}$ **(23)**

23

$C_{148}H_{246}N_{52}O_{41}S_6$

[3602.32]

Die Oxidation des linearen Peptids zur gefalteten Spezies mit Cystinknoten erfolgte nach der in AAV 9 beschriebenen Prozedur. Die Reinigung erfolgte durch anschlie-ßende RP-HPLC und ergab das farblose Produkt (2.3 mg, 1 %).

Analytische Daten:

HPLC: R_t = 13.93 Min (10 → 50 % B in 30 Min).

MS (ESI) m/z: 721.96 $[M + 5 H]^{5+}$, 901.69 $[M + 4 H]^{4+}$, 1201.92 $[M + 3 H]^{3+}$.

HRMS (ESI): $C_{148}H_{246}N_{52}O_{41}S_6$

$[M + 5 H]^{5+}$	ber.	720.94902
	gef.	720.94880,
$[M + 4 H]^{4+}$	ber.	900.93446
	gef.	900.93429.

9.4.4 Synthese 1,4-disubstituierter Triazole

oMCoTI^{KKV}-N-hexanazid–Monomer (62)

62

C$_{153}$H$_{257}$N$_{55}$O$_{41}$S$_6$

[3715.48]

In einem 1.5 mL Eppendorfgefäß wurden CuI (Spuren), oMCoTI$^{S(2'-Propin)KKV}$ (**16**) (2.84 mg, 800 nmol, 1.0 Äq.) und TBTA (**61**) (Spuren) in einer Mischung von 1,6-Diazido-hexan (**48**) (670 µg, 4.00 µmol, 5.0 Äq.) und 2,6-Lutidine (93.0 nL, 800 nmol, 1.0 Äq.) in DMF (100 µL) gelöst und etwa 5 d unter Argonatmosphäre gerührt. Die Reaktionsmischung wurde anschließend mit drei Tropfen Wasser gequencht und lyophilisiert. Der Rückstand wurde in 10%iger wässriger MeCN-Lösung (100 µL) im Ultraschallbad suspendiert, zentrifugiert und die klare Lösung von dem festen Rückstand getrennt. Die Extraktion wurde zweimal wiederholt. Die vereinigten wässrigen Phasen wurden lyophilisiert und das Rohprodukt mittels HPLC gereinigt, um das Produkt zu erhalten (1.59 mg, 54 %).

Analytische Daten:

HPLC: R$_t$ = 25.91 Min (10 → 50 % B in 30 Min).

MS (ESI) m/z: 619.98 [M + 6 H]$^{6+}$, 743.97 [M + 5 H]$^{5+}$, 929.46 [M + 4 H]$^{4+}$, 1238.95 [M + 3 H]$^{3+}$.

HRMS (ESI): C$_{153}$H$_{257}$N$_{55}$O$_{41}$S$_6$

$[M + 5\,H]^{5+}$ ber. 743.56808

gef. 743.56794.

oMCoTI^{KKV}-*C*-hexanazid–Monomer (63)

H–K K V G V C P K I L K K C R R D S D C P G A C I C R G N G Y C—N

63

$C_{151}H_{254}N_{54}O_{40}S_6$

[3658.43]

In einem 2 mL Eppendorfgefäß wurden CuI (Spuren), oMCoTI$^{KKVS(2'-Propin)}$ (**21**) (600 µg, 172 nmol, 1.0 Äq.) und TBTA (**61**) (Spuren) in einer Mischung von 1,6-Diazido-hexan (**48**) (145 µg, 860 µmol, 5.0 Äq.) und 2,6-Lutidine (22.0 nL, 189 nmol, 1.1 Äq.) in DMF (100 µL) gelöst und etwa 5 d unter Argonatmosphäre gerührt. Die Reaktionsmischung wurde anschließend mit drei Tropfen Wasser gequencht und lyophilisiert. Der feste Rückstand wurde in 10%iger wässriger MeCN-Lösung (100 µL) im Ultraschallbad suspendiert, zentrifugiert und die klare Lösung von dem festen Rückstand getrennt. Die Extraktion wurde zweimal wiederholt. Die vereinigten wässrigen Phasen wurden lyophilisiert und das Rohprodukt mittels HPLC gereinigt, um das Produkt zu erhalten (330 µg, 52 %).

Analytische Daten:

HPLC: R_t = 17.90 Min (10 $\rightarrow$ 50 % B in 30 Min).

MS (ESI) m/z: 610.47 $[M + 6\,H]^{6+}$, 732.16 $[M + 5\,H]^{5+}$, 915.20 $[M + 4\,H]^{4+}$,

1219.93 $[M + 3 H]^{3+}$.

oMCoTI^{KKV}-N-1-Azido-hexa-2,4-diin–Monomer (64)

64

$C_{153}H_{249}N_{55}O_{41}S_6$

[3707.42]

In einem 2 mL Eppendorfgefäß wurden oMCoTI$^{S(2'-Propin)KKV}$ (**16**) (500 µg, 141 nmol, 1.0 Äq.), CuIP(OEt)$_3$ (**58**) (Spuren) und TBTA (**61**) (Spuren) in einer Mischung von 1,6-Diazido-2,4-diin-hexan (**53**) (113 µg, 705 µmol, 5.0 Äq.) und der Base 2,6-Lutidine (18.0 nL, 155 nmol, 1.1 Äq.) in DMF (30.5 µL) gelöst und etwa 4 d unter Argonatmosphäre gerührt. Die Reaktionsmischung wurde anschließend mit drei Tropfen Wasser gequencht und lyophilisiert. Der feste Rückstand wurde in 10%iger wässriger MeCN-Lösung (100 µL) im Ultraschallbad suspendiert, zentrifugiert und die klare Lösung von dem festen Rückstand getrennt. Die Extraktion wurde zweimal wiederholt. Die vereinigten wässrigen Phasen wurden lyophilisiert und das Rohprodukt mittels RP-HPLC gereinigt, um das Produkt zu erhalten (160 µg, 31 %).

Analytische Daten:

HPLC: R$_t$ = 17.20 Min (10 → 50 % B in 30 Min).

MS: (ESI) m/z: 618.47 $[M + 6 H]^{6+}$, 741.96 $[M + 5 H]^{5+}$, 927.45 $[M + 4 H]^{4+}$.

oMCoTI^{KKV}-*C*-1-Azido-hexa-2,4-diin–Monomer (65)

NH₂–K K V G V C P K I L K K C R R D S D C P G A C I C R G N G Y C—N(H)...

65

$C_{151}H_{246}N_{54}O_{40}S_6$
[3650.37]

In einem 2 mL Eppendorfgefäß wurden oMCoTI$^{KKVS(2'-Propin)}$ (**21**) (440 µg, 114 nmol, 1.0 Äq.), CuIP(OEt)$_3$ (**58**) (Spuren) und TBTA (**61**) (Spuren) in einer Mischung von 1,6-Diazido-2,4-diin-hexan (**53**) (82.2 µg, 513 µmol, 4.5 Äq.) und 2,6-Lutidine (14.6 nL, 126 nmol, 1.1 Äq.) in DMF (40.0 µL) gelöst und etwa 4 d unter Argonatmosphäre gerührt. Die Reaktionsmischung wurde anschließend mit drei Tropfen Wasser gequencht und lyophilisiert. Der feste Rückstand wurde in 10%iger wässriger MeCN-Lösung (100 µL) im Ultraschallbad suspendiert, zentrifugiert und die klare Lösung von dem festen Rückstand getrennt. Die Extraktion wurde zweimal wiederholt. Die vereinigten wässrigen Phasen wurden lyophilisiert und das Rohprodukt mittels RP-HPLC gereinigt, um das Produkt zu erhalten (110 µg, 26 %).

Analytische Daten:
HPLC: R$_t$ = 19.22 Min (10 → 50 % B in 30 Min).
MS: (ESI) m/z: 3649.74 [M$_0$].

CycloTri-oMCoTI^{KKV}-*N*-Monomer (66)

66

$C_{168}H_{283}N_{59}O_{44}S_6$

[4025.88]

In einem 1.5 mL Eppendorfgefäß wurden oMCoTI$^{S(2'-Propin)KKV}$ (**16**) (650 µg, 183 nmol, 1.0 Äq.), *cyclo*(β-HLys(Azid)-β-HLys(Azid)-β-HLys) (**54**) (0.40 mg, 826 nmol, 4.6 Äq.), CuIP(OEt)$_3$ (**58**) (Spuren), und TBTA (**61**) (Spuren) unter Schutzgasatmosphäre mit einer Lösung von 2,6-Lutidine (23.4 nL, 201 nmol, 1.1 Äq.) in trockenem, entgastem Dimethylformamid (100 µL) gelöst und unter Lichtaus-schluß 5 d bei RT gerührt. Die Reaktionsmischung wurde anschließend mit drei Tropfen Wasser gequencht und lyophilisiert. Der Rückstand wurde in 10%iger wäss-riger MeCN-Lösung (100 µL) im Ultraschallbad suspendiert, zentrifugiert und die klare Lösung von dem festen Rückstand getrennt. Die Extraktion wurde zweimal wiederholt. Die vereinigten wässrigen Phasen wurden lyophilisiert und das Roh-produkt mittels HPLC gereinigt, um das Produkt zu erhalten (480 µg, 65 %).

Analytische Daten:

HPLC: R_t = 14.81 Min (10 $\rightarrow$ 50 % B in 30 Min).

MS (ESI) m/z: 1007.01 $[M + 4\,H]^{4+}$.

HRMS (ESI): $C_{168}H_{283}N_{59}O_{44}S_6$

$[M + 6\,H]^{6+}$	ber.	671.50803
	gef.	671.50805,
$[M + 5\,H]^{5+}$	ber.	805.60818
	gef.	805.60781.

CycloTri-oMCoTI^{KKV}-**C**-Monomer (67)

67

$C_{166}H_{280}N_{58}O_{43}S_6$

[3968.83]

In einem 2 mL Eppendorfgefäß wurden oMCoTI$^{C-S(2'-Propin)}$ (**21**) (550 µg, 157 nmol, 1.0 Äq.), *cyclo*(β-HLys(Azid)-β-HLys(Azid)-β-HLys) (**54**) (0.28 mg, 585 nmol, 3.7 Äq.), CuI (Spuren), und TBTA (**61**) (Spuren) unter Schutzgasatmosphäre mit einer Lösung von 2,6-Lutidine (18.3 nL, 173 nmol, 1.1 Äq.) in trockenem, entgastem Dimethylformamid (55.0 µL) gelöst und unter Lichtauschluß 5 d bei RT gerührt. Die Reaktionsmischung wurde anschließend mit drei Tropfen Wasser gequencht und lyophilisiert. Der dunkle Rückstand wurde in 10%iger wässriger MeCN-Lösung (100 µL) im Ultraschallbad suspendiert, zentrifugiert und die klare Lösung von dem festen Rückstand getrennt. Die Extraktion wurde zweimal wiederholt. Die vereinigten wässrigen Phasen wurden lyophilisiert und das Rohprodukt mittels HPLC gereinigt, um das Produkt zu erhalten (480 µg, 77 %).

Analytische Daten:

HPLC: R_t = 17.63 Min (10 → 50 % B in 30 Min).

MS (ESI) m/z: 662.18 $[M + 6 H]^{6+}$, 794.41 $[M + 5 H]^{5+}$, 992.76 $[M + 4 H]^{4+}$.

HRMS (ESI): $C_{166}H_{280}N_{58}O_{43}S_6$

$[M + 5 H]^{5+}$	ber.	794.20389
	gef.	794.20437,
$[M + 4 H]^{4+}$	ber.	992.50304
	gef.	992.50259.

oMCoTI^{N3}-Dimer (68)

68

$C_{266}H_{436}N_{94}O_{76}S_{12}$

[6551.79]

Eine Lösung von DIPEA (26.9 nL, 157 nmol, 2.0 Äq.), 1,6-Bis-prop-2-ynyloxy-hexan (**46**) (7.64 µg, 39.3 nmol, 0.5 Äq.), 2,6-Lutidine (18.3 nL, 157 nmol, 2.0 Äq.) in trockenem und entgastem THF (6 µL) sowie CuI (75.0 µg, 393 nmol, 5.0 Äq.) wurden zu einer Lösung aus oMCoTI^{N3} (**10**) (250 µg, 78.6 nmol, 1.0 Äq.) in trockenem und entgastem Acetonitril (30.0 µL) unter Argonatmosphäre gegeben. Nach 7 d wurden die Lösungsmittel bei vermindertem Druck entfernt, die Mischung in Wasser gelöst und lyophilisiert. Das Produkt wurde mittels RP-HPLC gereinigt (110 µg, 43 %).

Analytische Daten:

HPLC: R_t = 17.95 Min (10 → 50 % B in 30 Min).

MS (ESI) m/z: 656.01 [M + 10 H]$^{10+}$, 728.79 [M + 9 H]$^{9+}$, 819.63 [M + 8 H]$^{8+}$, 936.58 [M + 7 H]$^{7+}$, 1092.51 [M + 6 H]$^{6+}$.

oMCoTI^{N3KKV}**-Dimer (69)**

69

$C_{300}H_{502}N_{104}O_{82}S_{12}$

[7262.76]

Eine Lösung von DIPEA (145 nL, 848 nmol, 2.0 Äq.), 1,6-Bis-prop-2-ynyloxy-hexan (**46**) (41.2 μg, 212 nmol, 0.5 Äq.), 2,6-Lutidine (98.4 nL, 848 nmol, 2.0 Äq.) in trockenem und entgastem THF (18 μL) sowie CuI (404 μg, 2.12 μmol, 5.0 Äq.) wurden zu einer Lösung aus oMCoTI^{N3KKV} (**13**) (1.50 mg, 424 nmol, 1.0 Äq.) in trockenem und entgastem Acetonitril (90.0 μL) unter Argonatmosphäre gegeben. Wegen unzureichender Löslichkeit wurde nach 2 d 10 μL Wasser zugegeben. Nach

7 d wurden die Lösungsmittel bei vermindertem Druck entfernt, die Mischung in Wasser gelöst und lyophilisiert. Nach der Reinigung mittels RP-HPLC konnte allerdings nur eine analytische Menge des Produktes erhalten werden.

Analytische Daten:

HPLC: R_t = 17.13 Min (10 → 50 % B in 30 Min).

MS (ESI) m/z: 7262.57 [M_0].

oMCoTI$^{S(2'-Propin)KKV}$**-Dimer (70)**

70

$C_{300}H_{502}N_{104}O_{82}S_{12}$

[7262.76]

In einem 1.5 mL Eppendorfgefäß wurden oMCoTI$^{S(2'-Propin)KKV}$ (**16**) (1.59 mg, 428 nmol, 1.0 Äq.), oMCoTI^{KKV}-*N*-hexanazid–Monomer (**62**) (1.31 mg, 428 nmol, 1.0 Äq.), CuI/CuIP(OEt)$_3$ (**58**) (Spuren) und TBTA (**61**) (Spuren) unter Schutzgasatmosphäre mit einer Lösung von 2,6-Lutidine (49.7 nL, 428 nmol, 1.0 Äq.)

in trockenem, entgastem Dimethylformamid (100 μL) gelöst und 5 d bei RT gerührt. Die anfangs farblose Lösung entwickelte innerhalb von 3 d eine schwach
blaue Farbe. Die Reaktionsmischung wurde anschließend mit drei Tropfen Wasser gequencht und lyophilisiert. Der Rückstand wurde in 10%iger MeCN in Wasser
(100 μL) im Ultraschallbad suspendiert, zentrifugiert und die klare Lösung von dem
festen Rückstand getrennt. Die Extraktion wurde zweimal wiederholt. Die vereinigten wässrigen Phasen wurden lyophilisiert und das grau-weiße Rohprodukt mittels
HPLC gereinigt, um das Produkt zu erhalten (1.37 g, 44 %).

Analytische Daten:

HPLC: R_t = 21.91 Min (10 → 50 % B in 30 Min).

MS (ESI) m/z: 726.96 $[M + 10\,H]^{10+}$, 807.51 $[M + 9\,H]^{9+}$, 908.45 $[M + 8\,H]^{8+}$,
1038.09 $[M + 7\,H]^{7+}$, 1210.93 $[M + 6\,H]^{6+}$.

HRMS (ESI): $C_{300}H_{503}N_{104}O_{82}S_{12}$

$[M + 10\,H]^{10+}$	ber. 726.85763
	gef. 726.8579,
$[M + 7\,H]^{7+}$	ber. 1037.93635
	gef. 1037.9346.

CycloTri-MCoTI^{KKV}-(**C-C**)-Dimer (71)

71

$C_{311}H_{522}N_{106}O_{83}S_{12}$

[7459.06]

In einem 2 mL Eppendorfgefäß wurden oMCoTI$^{KKVS(2'-Propin)}$ (**21**) (420 µg, 118 nmol, 1.1 Äq.), *cyclo*Tri-oMCoTI^{KKV}-C-Monomer (**67**) (0.44 mg, 109 nmol, 1.0 Äq.), CuIP(OEt)$_3$ (**58**) (Spuren) und TBTA (**61**) (Spuren) unter Schutzgasatmosphäre mit einer Lösung von 2,6-Lutidine (14.0 nL, 120 nmol, 1.1 Äq.) in trockenem, entgastem Dimethylformamid (100 µL) gelöst und 5 d bei RT gerührt. Die anfangs farblose Lösung entwickelte innerhalb von 3 d eine schwach blaue Farbe. Die Reaktionsmischung wurde anschließend mit drei Tropfen Wasser gequencht und lyophilisiert. Der Rückstand wurde in 10%iger MeCN in Wasser (100 µL) im Ultraschallbad suspendiert, zentrifugiert und die klare Lösung von dem festen Rückstand getrennt. Die Extraktion wurde zweimal wiederholt. Die vereinigten wässrigen Phasen wurden lyophilisiert und das grau-weiße Rohprodukt mittels HPLC gereinigt. Das Produkt wurde in nicht bestimmbarer Ausbeute erhalten und analysiert.

Analytische Daten:

HPLC: R_t = 18.05 Min (5 $\rightarrow$ 45 % B in 30 Min).

MS (ESI): m/z: 933.22 $[M + 8 H]^{8+}$, 1066.25 $[M + 7 H]^{7+}$.

CycloTri-MCoTI^{KKV}-**(N-N)**-Dimer (72)

72

$C_{315}H_{528}N_{108}O_{85}S_{12}$

[7573.16]

In einem 2 mL Eppendorfgefäß wurden oMCoTI$^{S(2'-Propin)KKV}$ (16) (420 µg, 118 nmol, 1.1 Äq.), *cyclo*Tri-oMCoTI^{KKV}-*N*–Monomer (66) (0.44 mg, 109 nmol, 1.0 Äq.), CuIP(OEt)$_3$ (58) (Spuren) und TBTA (61) (Spuren) unter Schutzgasatmosphäre mit einer Lösung von 2,6-Lutidine (14.0 nL, 120 nmol, 1.1 Äq.) in trockenem, entgastem Dimethylformamid (100 µL) gelöst und 5 d bei RT gerührt. Die anfangs farblose Lösung entwickelte innerhalb von 3 d eine schwach blaue Farbe. Die Reaktionsmischung wurde anschließend mit drei Tropfen Wasser gequencht und lyophilisiert. Der Rückstand wurde in 10%iger MeCN in Wasser (100 µL) im Ultraschallbad suspendiert, zentrifugiert und die klare Lösung von dem festen Rückstand getrennt. Die Extraktion wurde zweimal wiederholt. Die vereinigten wässrigen Phasen wurden lyophilisiert und das grau-weiße Rohprodukt mittels HPLC gereinigt um das Produkt zu erhalten (660 µg, 80 %).

Analytische Daten:

HPLC: R_t = 24.12 Min (0 → 40 % B in 30 Min).

MS (ESI) m/z: 842.20 $[M + 9 H]^{9+}$, 947.22 $[M + 8 H]^{8+}$, 1262.80 $[M + 6 H]^{6+}$.

HRMS (ESI): $C_{315}H_{528}N_{108}O_{85}S_{12}$

$[M + 11 H]^{11+}$	ber.	689.1619
	gef.	689.1622,
$[M + 10 H]^{10+}$	ber.	757.8772
	gef.	757.8772,
$[M + 7 H]^{7+}$	ber.	1082.2500
	gef.	1082.2511.

cMCoTI^{KKV} **(73)**

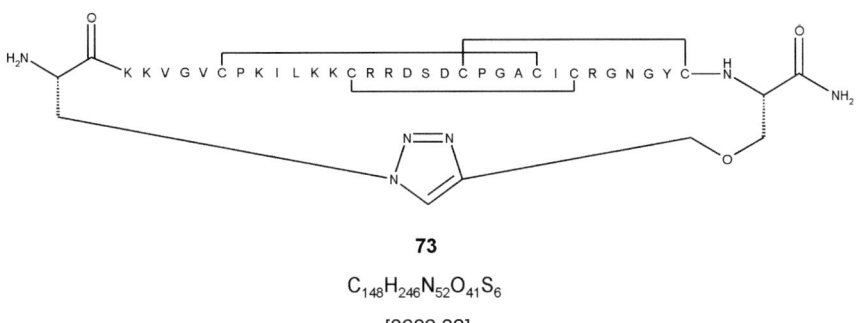

73

$C_{148}H_{246}N_{52}O_{41}S_6$

[3602.32]

In einem 2 mL Eppendorfgefäß wurden oMCoTI$^{N3KKV-S(2'-Propin)}$ (**23**) (900 µg, 250 nmol, 1.0 Äq.) und CuI (Spuren) unter Schutzgasatmosphäre mit einer Lösung von 2,6-Lutidine (31.9 nL, 275 nmol, 1.1 Äq.) in trockenem, entgastem Dimethyl-formamid (70 µL) gelöst und 5 d bei RT gerührt. Die Reaktionsmischung wurde anschließend mit drei Tropfen Wasser gequencht und lyphilisiert. Der Rückstand wurde in 10%iger MeCN in Wasser (100 µL) im Ultraschallbad suspendiert, zen-trifugiert und die klare Lösung von dem festen Rückstand getrennt. Die Extraktion wurde zweimal wiederholt. Die vereinigten wässrigen Phasen wurden lyophilisiert und das grau-weiße Rohprodukt mittels HPLC gereinigt, um das Produkt zu erhal-ten (650 µg, 72 %).

Analytische Daten:

HPLC: R_t = 24.67 Min (0 $\rightarrow$ 40 % B in 30 Min).

MS (ESI): m/z: 721.16 $[M + 5\,H]^{5+}$, 901.19 $[M + 4\,H]^{4+}$.

HRMS (ESI): $C_{148}H_{246}N_{52}O_{41}S_6$

$[M + 5\,H]^{5+}$	ber.	720.94902
	gef.	720.94935,
$[M + 4\,H]^{4+}$	ber.	900.93446
	gef.	900.93483.

10 Abkürzungsverzeichnis

Ø	Durchmesser
α	Drehwert
Å	Ångström
abs.	absolutiert
Ac	Acetyl
AcOH	Essigsäure
ADH	Adipinsäuredihydrazid
AIBN	α, α'-Azo-isobutyronitril bzw.
	2,2'-Azobis-(2-methyl-butyronitril)
Äq.	Mol-Äquivalent
ber.	berechnet
bidest.	bidestilliert
Bn	Benzyl
BOP	1*H*-Benzotriazol-1-yl-oxy-tris(dimethylamino)phosphonium-hexafluorophosphat
br	breit
c	Konzentration
°C	Grad Celsius
COSY	*correlated spectroscopy*
CDCl$_3$	Deuterochloroform
C$_2$D$_2$Cl$_4$	Dideuterotetrachlorethan

δ	chemische Verschiebung
d	Dublett
d	Tag(e)
DBU	1,8-Diazabicyclo[5.4.0]undec-7-en
DC	Dünnschichtchromatographie
DCM	Dichlormethan
dd	Dublett vom Dublett
ddd	Dublett vom Dublett vom Dublett
dest.	destilliert
DIC	*N,N'*-Diisopropylcarbodiimide
DIEA	*N,N*-Diisopropylethylamin
DMF	Dimethylformamid
[D_6]DMSO	Hexadeuterodimethylsulfoxid
DNA	Desoxyribonukleinsäure
DTT	1,4-Dithio-DL-threitol
EE	Essigsäureethylester
EDT	1.2-Ethandithiol
ESI	Elektrosprayionisation
FC	Flash-Säulenchromatographie
FT	Fourier-Transformation
gef.	gefunden
h	Stunde(n)
HATU	*N*-(7-Aza-1*H*-benzotriazol-1-yl)-1,1,3,3-tetramethyluroni-umhexafluorophosphat
HBTU	*N*-(1*H*-Benzotriazol-1-yl)-1,1,3,3-tetramethyluroniumhexa-fluorophosphat
HCTU	2-(6-Chloro-1*H*-benzotriazol-1-yl)-1,1,3,3-tetramethylami-niumhexafluorophosphat

HFIP	Hexafluoroisopropanol
HMBC	*heteronuclear multiple bond correlation*
HMDS	Hexamethyldisilazan
HOAt	7-Aza-1-hydroxybenzotriazol
HOBt	1-Hydroxybenzotriazol
HPLC	Hochleistungsflüssigkeitschromatographie
HR	Hochauflösung (*high resolution*)
HSQC	*heteronuclear single quantum coherence*
HV	Hochvakuum (10^{-3} mbar)
Hz	Hertz
IR	Infrarotspektroskopie
J	skalare Kopplungskonstante
konz.	konzentriert
λ	Wellenlänge
l	Länge
m	Multiplett
M	Molmasse
Min	Minute(n)
m/z	Verhältnis Masse zu Ladung
M	molar
MeOH	Methanol
MHz	Megahertz
MS	Massenspektrometrie
MTBE	Methyl-*tert*-butylether
N	normal
NMM	*N*-Methylmorpholine
NMR	*nuclear magnetic resonance*

NOE	Kern-Overhauser-Effekt (*Nuclear Overhauser Effect*)
org.	organisch(e)
p	para
Pmc	2,2,5,7,8-Pentamethylchroman-6-sulfonyl
ppm	parts per million
präp.	präparativ(e)
PyBOP	1*H*-Benzotriazol-1-yl-oxy-tris(pyrrolidino)phosphoniumhexafluorophosphat
rel.	relativ
R_f	Retentionsfaktor
RP	Reverse Phase
rpm	rounds per minute (Umdrehungen pro Minute)
RT	Raumtemperatur
RV	Rotationsverdampfer
s	Singulett
Sdp.	Siedepunkt
sek.	Sekunde(n)
Smp.	Schmelzpunkt
t	Triplett
tert.	tertiär
TBAF	Tetrabutylammoniumfluorid
TEA	Triethylamin
TES	Triethylsilan
TFA	Trifluoracetic acid
TFE	Trifluorethanol
THF	Tetrahydrofuran
T_m	Schmelztemperatur (*melting temperature*)
TMS	Tetramethylsilan

UV	Ultraviolettspektroskopie
v	Volumen
VIS	*visible*

11 Anhang

oMCoTI$^{S(2'-Propin)KKV}$**-Dimer:**

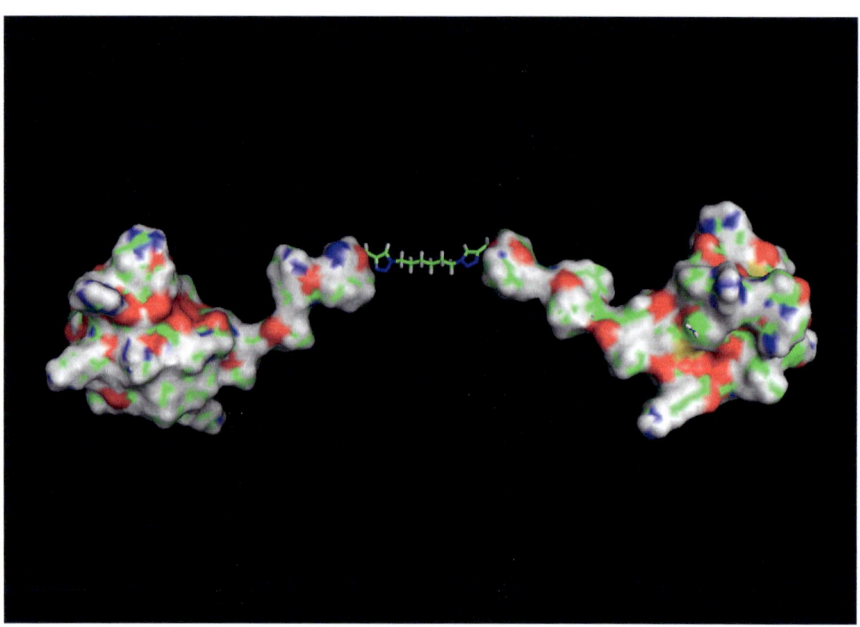

Abb. 11.1: Darstellung des alkylverlinkten oMCoTI$^{S(2'-Propin)KKV}$-Dimers. Die Berechnung der günstigsten Geometrie erfolgte mit der Software *MacroModel 8.5*. Die Abbildung wurde mit dem Programm *PyMol* erstellt.[233]

12 Literaturverzeichnis

[1] D. Voet, J. G. Voet, C. W. Pratt, *Lehrbuch der Biochemie*, Wiley VCH Verlag GmbH & Co.KGaA., Hrsg.: A. G. Beck-Sickinger, U. Hahn, Weinheim, **2002**.

[2] F. Horn, I. Moc, N. Schneider, C. Grillhösl, S. Berghold, G. Lindenmeider, *Biochemie des Menschen*, Georg Thieme Verlag: Stuttgart, New York, 3rd ed., **2005**.

[3] L. Pauling, R. B. Corey, H. R. Branson, *Proc. Natl. Acad. Sci USA* **1951**, *37*, 251–256.

[4] J. R. Beasley, M. H. Hecht, *J. Biol. Chem.* **1997**, *272*, 2031–2034.

[5] J. Venkatraman, S. C. Shankaramma, P. Balaram, *Chem. Rev.* **2001**, *101*, 3131–3152.

[6] J. F. Hernandez, J. Gagnon, L. Chiche, T. M. Nguyen, J. P. Andrieu, A. Heitz, T. Trinh-Hong, T. T. Pham, D. LeNguyen, *Biochemistry* **2000**, *39*, 5722–5730.

[7] M. E. Felizmenio-Quimio, N. L. Daly, D. J. Craik, *J. Biol. Chem.* **2001**, *276*, 22875–22882.

[8] N. L. Daly, R. J. Clark, U. Göransson, D. J. Craik, *Lett. in Pept. Science* **2003**, *10*, 523–531.

[9] C. Jennings, J. West, D. J. Craik, M. Anderson, *Proc. Natl. Acad. Sci USA* **2001**, *98*, 10614–10619.

[10] K. R. Gustafson, R. G. Sowder, L. E. Henderson, I. C. Parsons, Y. Kashman, J. H. C. II, J. B. McMahon, R. W. Buckheit, L. K. Pannell, M. R. Boyd, *J. Am. Chem. Soc.* **1994**, *116*, 9337–9338.

[11] K. M. Witherup, M. J. Bogusky, P. S. Anderson, H. Ramjit, R. W. Ransom, T. Wood, M. Sardana, *J. Nat. Prod.* **1994**, *57*, 1619–1625.

[12] P. Lindholm, U. Goransson, S. Johansson, P. Claeson, J. Gulbo, R. Larsson, L. Bohlin, A. Backlund, *Mol. Cancer Ther.* **2002**, *1*, 365–369.

[13] N. Hamato, T. Koshiba, T. N. Pham, Y. Tatsumi, D. Nakamura, R. Takano, K. Hayashi, Y. M. Hong, S. Hara, *J. Biochem (Tokyo)* **1995**, *117*, 432–437.

[14] J. C. Gelly, J. Gracy, Q. Kaas, D. Le-Nguyen, A. Heitz, L. Chiche, *Nucleic Acids Res.* **2004**, *32*, 156–159.

[15] H. Terlau, B. M. Olivera, *Physiol Rev.* **2004**, *84*, 41–68.

[16] M. D. Temple, M. G. Hinds, D. D. Sheumack, M. E. Howden, R. S. Norton, *Toxicon* **1999**, *37*, 485–506.

[17] K. K. Jain, *Expert Opin. Investig. Drugs* **2000**, *9*, 2403–2410.

[18] P. J. Jackson, J. C. McNulty, Y. K. Yang, D. A. Thompson, B. Chai, I. Gantz, G. S. Barsh, G. L. Millhauser, *Biochemistry* **2002**, *41*, 7565–7572.

[19] J. C. McNulty, P. J. Jackson, D. A. Thompson, B. Chai, I. Gantz, G. S. Barsh, P. E. Dawson, G. L. Millhauser, *J. Mol. Biol.* **2005**, *346*, 1059–1070.

[20] L. Gran, *Acta Pharmacol. Toxicol.* **1973**, *33*, 400–408.

[21] O. Saether, D. J. Craik, I. D. Campbell, K. Sletten, J. Juul, D. G. Norman, *Biochemistry* **1995**, *34*, 4147–4158.

[22] D. C. Ireland, D. J. Craik, M. L. Colgrave, *Biochem J.* **2006**, *400*, 1–12.

[23] M. Werle, K. Kefedjiiski, H. Kolmar, A. Bernkop-Schnurch, *Int. J. Pharm.* **2007**, *332*, 72–79.

[24] R. Kratzner, J. E. Debreczeni, T. Pape, T. R. Schneider, A. Wentzel, H. Kolmar, G. M. Sheldrick, I. Uson, *Acta Crystallogr. D. Biol. Cristallogr.* **2005**, *61*, 1255–1262.

[25] M. L. Colgrave, D. J. Craik, *Biochemistry* **2004**, *43*, 5965–5975.

[26] D. J. Craik, S. Simonsen, N. L. Daly, *Curr. Opn. Drug Discov. Devel.* **2002**, *5*, 251–260.

[27] J. Ay, K. Hilpert, N. Krauss, J. Schneider-Mergener, W. Höhne, *Acta Crystallogr. D. Biol. Cristallogr.* **2003**, *52*, 247–254.

[28] O. Avrutina, H.-U. Schmoldt, D. Gabrijelic-Geiger, D. L. Nguyen, C. P. Sommerhoff, U. Diederichsen, H. Kolmar, *Biological Chemistry* **2005**, *386*, 1301–1306.

[29] *http://knottin.cbs.cnrs.fr/.*

[30] N. Q. McDonald, W. A. Hendrickson, *Cell* **1993**, *73*, 421–424.

[31] J. Murray-Rust, N. Q. McDonald, T. L. Blundell, M. Hosang, C. Oefner, F. Winkler, R. A. Bradshaw, *Structure* **1993**, *1*, 153–159.

[32] D. R. Holland, L. S. Cousens, W. Meng, B. W. Matthews, *J. Mol. Biol.* **1994**, *239*, 385–400.

[33] M. P. Schlunegger, M. G. Grutter, *Nature* **1992**, *358*, 430–434.

[34] C. Oefner, A. D'Arcy, F. K. Winkler, B. Eggimann, M. Hosang, *Embo. J.* **1992**, 3921–3926.

[35] M. Cemazar, J. Ajinkya, N. L. Daly, A. E. Mark, D. J. Craik, *Structure* **2008**, *16*, 842–851.

[36] J. S. Smith, C. Simons in *Proteinase and Peptidase Inhibition*, Taylor and Francis, **2002**.

[37] *Deutsche Gesellschaft für Ernährung e.V.*

[38] R. F. Chapman, G. DeBoer in *Regulatory mechanisms in Insect Feeding*, Springer-Verlag: Berlin, **1995**.

[39] R. E. Babin, S. S. Abdel-Meguid, R. Mannhold, H. Kubinyi, G. Folkers in *Protein Crystallography in Drug Discovery*, Wiley-VCH, **2004**.

[40] M. Marquart, J. Walter, J. Deisenhofer, W. Bode, R. Huber, *Acta Crystallogr. Sect. B* **1983**, *39*, 480–490.

[41] S. D. Marco, J. P. Priestle, *Structure* **1997**, *5*, 1465–1474.

[42] G. H. Caughey, W. W. Raymond, J. L. Blount, L. W. Hau, P. J. Wolters, G. M. Verghese, *J. Immunol.* **2000**, *164*, 6566–6575.

[43] J. Yuan, J. Beltman, E. Gjerstad, M. T. Nguyen, J. Sampang, H. Chan, J. W. Janc, J. M. Clark, *Protein Expr. Purif.* **2006**, *49*, 47–54.

[44] Q. Peng, A. R. McEuen, R. C. Benyon, A. F. Walls, *Eur. J. Biochem.* **2003**, *270*, 270–283.

[45] D. Soto, C. Malmsten, J. L. Blount, D. J. Muilenburg, G. H. Caughey, *Clin. Exp. Allergy* **2002**, *32*, 1000–1006.

[46] K. Sakai, S. Ren, L. B. Schwartz, *J. Clin. Invest.* **1996**, *97*, 988–995.

[47] L. B. Schwartz, K. Sakai, T. R. Bradford, S. Ren, B. Zweiman, A. S. Worobec, D. D. Metcalfe, *J. Clin. Invest.* **1995**, *96*, 2702–2710.

[48] H.-U. Schmoldt, PhD thesis, Universität Göttingen, **2005**.

[49] A. M. Dvorak, *Int. Arch. Allergy Immunol.* **2002**, *127*, 100–105.

[50] D. H. Broide, G. J. Gleich, A. J. Cuomo, D. A. Coburn, E. C. Federman, L. B. Schwartz, S. I. Wasserman, *J. Allergy Clin. Immunol.* **1991**, *88*, 637–648.

[51] S. E. Wenzel, A. A. Fowler, L. B. Schwartz, *Am. Rev. Resp. Disease* **1988**, *137*, 1002–1008.

[52] F. Levi-Schaffer, A. M. Piliponsky, *Trends Immunol.* **2003**, *24*, 158–161.

[53] V. Payne, P. C. Kam, *Anaestesia* **2004**, *59*, 695–703.

[54] K. D. Rice, P. A. Sprengeler, *Curr. Opn. Drug Discov. Devel.* **1999**, *2*, 463–474.

[55] J. M. Clark, W. R. Moore, R. D. Tanaka, *Drugs Future* **1996**, *21*, 811–816.

[56] C. P. Sommerhoff, W. Bode, G. Matschiner, A. Bergner, H. Fritz, *Biochim. Biophys. Acta* **2000**, *1477*, 75–89.

[57] M. G. Buckley, C. Walters, W. M. Wong, M. I. Cawley, S. Ren, L. B. Schwartz, A. F. Walls, *Clin. Science* **1997**, *93*, 363–370.

[58] S. J. Ruoss, T. Hartmann, G. H. Caughey, *J. Clin. Invest.* **1991**, *88*, 493–499.

[59] J. K. Brown, C. A. Jones, C. L. Tyler, S. J. Ruoss, T. Hartmann, G. H. Caughey, *Chest* **1995**, *107*, 95S–96S.

[60] J. A. Cairns, A. F. Walls, *J. Immunol.* **1996**, *156*, 275–283.

[61] A. F. Walls, A. R. Bennett, J. Sueiras-Diaz, H. Olsson, *Biochem. Soc. Trans.* **1992**, *20*, 260S.

[62] R. J. Blair, H. Meng, M. J. Marchese, S. Ren, L. B. Schwartz, M. G. Tonnesen, B. L. Gruber, *J. Clin. Invest.* **1997**, *99*, 2691–2700.

[63] P. J. B. Pereira, A. Bergner, S. Macedo-Ribeiro, R. Huber, G. Matschiner, H. Fritz, C. P. Sommerhoff, W. Bode, *Nature* **1998**, *392*, 306–311.

[64] C. P. Sommerhoff, W. Bode, P. J. B. Pereira, M. T. Stubbs, J. Stürzebacher, G. P. Piechotka, G. Matschiner, A. Bergner, *Proc. Natl. Acad. Sci USA* **1999**, *96*, 10984–10991.

[65] N. M. Schechter, G. Y. Eng, D. R. McCaslin, *Biochemistry* **1993**, *32*, 2617–2625.

[66] A. K. Addington, D. A. Johnson, *Biochemistry* **1996**, *35*, 13511–13518.

[67] U. Marquardt, PhD thesis, TU München, **2002**.

[68] S. C. Alter, D. D. Metcalve, T. R. Bradford, L. B. Schwartz, *Biochem J.* **1987**, *248*, 821–828.

[69] J. Hallgren, S. Estrada, U. Karlson, K. Alving, G. Pejler, *Biochemistry* **2001**, *40*, 7342–7349.

[70] K. C. Elrod, W. R. Moore, W. M. Abraham, R. D. Tanaka, *Am. J. Respir. Crit. Care Med.* **1997**, *156*, 375–381.

[71] L. E. Burgess, B. J. Newhouse, P. Ibrahim, J. Rizzi, M. A. Kashem, A. Hartman, B. J. Brandhuber, C. D. Wright, D. S. Thomson, G. P. Vigers, K. Koch, *Proc. Natl. Acad. Sci USA* **1999**, *96*, 8348–8352.

[72] M. J. Costanzo, S. C. Yabut, H. R. Almond, P. Andrade-Gordon, T. W. Corcoran, L. DeGaravilla, J. A. Kauffman, W. M. Abraham, R. Recacha, D. Chattopadhyay, B. E. Maryanoff, *J. Med. Chem.* **2003**, *46*, 3865–3876.

[73] G. Zhao, S. A. Bolton, C. Kwon, K. S. Hartl, S. M. Seiler, W. A. Slusarchyk, J. C. Sutton, G. S. Bisacchi, *Bioorg. Med. Chem. Lett.* **2004**, *14*, 309–312.

[74] J. M. Clark, W. M. Abraham, C. E. Fishman, R. Forteza, A. Ahmed, A. Cortes, R. L. Warne, W. R. Moore, R. D. Tanaka, *Am. J. Respir. Crit. Care Med.* **1995**, *152*, 2076–2083.

[75] M. T. Krishna, A. Chauhan, L. Little, K. Sampson, R. Hawksworth, T. Mant, R. Djukanovic, T. Lee, S. Holgate, *J. Allergy Clin. Immunol.* **2001**, *107*, 1039–1045.

[76] P. Mühlhahn, M. Czisch, R. Morenweiser, B. Habermann, R. A. Engh, C. P. Sommerhoff, E. A. Auerswald, T. A. Holak, *FEBS Lett.* **1994**, *355*, 290–296.

[77] G. Pohlig, G. Fendrich, R. Knecht, B. Eder, G. Piechottka, C. P. Sommerhoff, J. Heim, *Eur. J. Biochem.* **1996**, *241*, 619–626.

[78] C. P. Sommerhoff, C. Sollner, R. Mentele, G. Piechottka, E. A. Auerswald, H. Fritz, *Biol. Chem. Hoppe Seyler* **1994**, *375*, 685–694.

[79] S. C. Alter, J. A. Kramps, A. Janoff, L. B. Schwartz, *Arch. Biochem. & Biophys.* **1990**, *276*, 26–31.

[80] L. B. Schwartz, T. R. Bradford, *J. Biol. Chem.* **1986**, *261*, 7372–7379.

[81] B. E. Maryanoff, *J. Med. Chem.* **2004**, *47*, 769–787.

[82] T. Selwood, K. C. Elrod, N. M. Schechter, *Biological Chemistry* **2003**, *384*, 1605–1611.

[83] N. Schaschke, A. Dominik, G. Matschiner, C. P. Sommerhoff, *Bioorganic & Medicinal Chem.* **2002**, *12*, 985–988.

[84] K. D. Rice, V. R. Wang, A. R. Gangloff, E. Y. Kuo, J. M. Dener, W. S. Newcomb, Y. B. Young, D. Putnam, L. Cregar, M. Wong, P. J. Simpson, *Bioorganic & Medicinal Chem.* **2000**, *10*, 2361–2366.

[85] M. Mammen, S.-K-Choi, G. M. Whitesides, *Angew. Chem. Int. Ed.* **1998**, *37*, 2754–2794.

[86] W. P. Jencks, *Proc. Natl. Acad. Sci USA* **1981**, *78*, 4046–4050.

[87] N. Schaschke, G. Matschiner, F. Zettl, U. Marquardt, A. Bergner, W. Bode, C. P. Sommerhoff, L. Moroder, *Chem. & Biol.* **2001**, *8*, 313–327.

[88] L. Gran, *Lloydia* **1973**, *36*, 207–208.

[89] P. G. Claeson, U. Göransson, T. Luijendik, L. Bohlin, *J. Nat. Prod.* **1998**, *61*, 77–81.

[90] J. P. Tam, Y.-A. Lu, J. L. Yang, K. W. Chiu, *Proc. Natl. Acad. Sci USA* **1999**, *96*, 8913–8918.

[91] N. L. Daly, S. Love, P. F. Alewood, D. J. Craik, *Biochemistry* **1999**, *38*, 10606–10614.

[92] O. Avrutina, H.-U. Schmoldt, H. Kolmar, U. Diederichsen, *Eur. J. Org. Chem.* **2004**, *23*, 4931–4935.

[93] P. Thongyoo, N. Roque-Rosell, R. J. Leatherbarrow, E. W. Tate, *Org. Biomal. Chem.* **2008**, *6*, 1462–1470.

[94] T. Leta-Aboye, R. J. Clark, D. J. Craik, U. Goransson, *ChemBioChem* **2008**, *9*, 103–113.

[95] M. Cemazar, D. J. Craik, *J. Pept. Sci.* **2008**, *14*, 683–689.

[96] H.-U. Schmoldt, A. Wentzel, S. Becker, H. Kolmar, *Protein Expr. Purif.* **2005**, *39*, 82–89.

[97] R. H. Kimura, A.-T. Tran, J. A. Camarero, *Angew. Chem. Int. Ed.* **2006**, *45*, 973–976.

[98] J. A. Camarero, R. H. Kimura, Y. H. Woo, A. Shekhtman, J. Cantor, *ChemBioChem* **2007**, *8*, 1363–1366.

[99] M. Jucovic, R. W. Hartley, *Protein Eng.* **1995**, *8*, 497–499.

[100] R. W. Hartley, *J. Mol. Biol.* **1988**, *202*, 913–915.

[101] E. Fischer, *Ber. Dtsch. Chem. Ges.* **1902**, *35*, 1095–1106.

[102] V. D. Vigneaud, C. Ressler, S. Trippett, *J. Biol. Chem.* **1953**, *205*, 949–957.

[103] P. G. Katsoyannis, K. Fudoka, A. Tometsko, K. Suzuli, M. Tilak, *J. Am. Chem. Soc.* **1964**, *86*, 930–932.

[104] R. B. Merrifield, *J. Am. Chem. Soc.* **1963**, *85*, 2149–2154.

[105] R. B. Merrifield, *Science* **1986**, *232*, 341–347.

[106] N. L. Daly, D. J. Craik, *J. Biol. Chem.* **2000**, *275*, 19068–19075.

[107] M. L. J. Korsinczky, H. J. Schirra, K. J. Rosengren, J. West, B. A. Condie, L. Otvos, M. Anderson, D. J. Craik, *J. Med. Biol.* **2001**, *311*, 579–591.

[108] J. P. Tam, Y.-A. Lu, *J. Am. Chem. Soc.* **1999**, *121*, 4316–4324.

[109] L. Chiche, A. Heitz, J.-C. Jelly, J. Gracy, P. T. T. Chau, P. T. Ha, J.-F. Hernandez, D. Le-Nguyen, *Curr. Prot. Pept. Sci.* **2004**, *5*, 341–349.

[110] D. Le-Nguyen, D. Nalis, B. Castro, *Int. J. Pept. Prot. Res.* **1989**, *34*, 492–497.

[111] G. W. M. Kenner, J. R. McDermott, R. C. Sheppard, *Chem. Commun.* **1971**, 636–637.

[112] E. Wünsch, G. Wendleberger, *Chem. Ber.* **1967**, *100*, 160–172.

[113] J. Meienhofer in *The Peptides*, *Vol. 1*, Academic Press: London, **1979**, Chapter 4.

[114] M. Bodansky in *The Peptides*, *Vol. 1*, Academic Press: London, **1979**, Chapter 3.

[115] D. H. Rich, J. Singh in *The Peptides*, *Vol. 1*, Academic Press: London, **1979**, Chapter 5.

[116] W. König, R. Geiger, *Chem. Ber.* **1970**, *103*, 788–798.

[117] W. König, R. Geiger, *Chem. Ber.* **1970**, *103*, 2024–2033.

[118] W. König, R. Geiger, *Chem. Ber.* **1970**, *103*, 2034–2040.

[119] L. A. Carpino, *J. Am. Chem. Soc.* **1993**, *115*, 4397–4398.

[120] K. Barlos, D. Papaioannou, S. Patrianakou, T. Tsegenidis, *Liebigs Ann.* **1986**, *11*, 1950–1955.

[121] M. Bodansky, *Peptide Chemistry*, Springer-Verlag: Berlin, 2nd ed., **1993**.

[122] E. Atherthon, R. C. Sheppard, *Solid Phase Peptide Synthesis*, IRL Press: Oxford, **1989**.

[123] H. Kunz, B. Dombo, *Angewandte Chemie* **1988**, *100*, 733–734.

[124] G. Barany, F. Albericio, *J. Am. Chem. Soc.* **1985**, *107*, 4936–4942.

[125] D. G. Mullen, G. Barany, *J. Org. Chem.* **1988**, *53*, 5240–5248.

[126] S. Zalipsky, J. Chang, F. Albericio, G. Barany, *Reactive Polymers* **1994**, *22*, 243–258.

[127] M. Meldal, *Tetrahedron Lett.* **1992**, *33*, 3077–3080.

[128] F. Albericio, N. Kneib-Cordonier, S. Biancalana, L. Gera, R. I. Masada, D. Hudson, G. Barany, *J. Org. Chem.* **1990**, *55*, 3730–3743.

[129] R. C. Sheppard, B. J. Williams, *Int. J. Pept. Prot. Res.* **1982**, *20*, 451–454.

[130] S. B. Kent, *Annu. Rev. Biochem.* **1988**, *57*, 959–989.

[131] M. Quibell, T. Johnson in *Difficult Peptides in Fmoc Solid Phase Peptide Synthesis, A Practical Approach*, Chan, W. C. und White, P. D., Oxford University Press: Oxford, **2000**, pp. 115–136.

[132] C. Hyde, T. Johnson, D. Owen, M. Quibell, R. C. Sheppard, *Int. J. Peptide Protein Res.* **1994**, *43*, 431–440.

[133] B. D. Larsen, A. Holm, *Int. J. Peptide Protein Res.* **1994**, *43*, 1–9.

[134] M. Narita, K. Ishikawa, J.-Y. Chen, Y. Kım, *Int. J. Peptide Protein Res.* **1984**, *24*, 580–587.

[135] O. Ogunjobi, R. Ramage, *Biochem. Soc. Trans.* **1990**, *18*, 1322–1323.

[136] C. Hyde, T. Johnson, R. C. Sheppard, *J. Chem. Soc. Chem. Commun.* **1992**, 1573–1575.

[137] L. I. Rodionov, M. B. Baru, V. T. Ivanov, *Pept. Res.* **1992**, *5*, 119–125.

[138] G. F. Fields, C. G. Fields, *J. Am. Chem. Soc.* **1991**, *113*, 4202–4207.

[139] M. Mutter, H. Opplinger, A. Zier, *Makromol. Chem. Rapid Commun.* **1992**, *13*, 151–157.

[140] A. Thaler, D. Seebach, *Helv. Chim. Acta* **1991**, *74*, 628–643.

[141] K. C. Pugh, E. H. York, J. M. Steward, *Int. J. Peptide Protein Res.* **1992**, *40*, 208–213.

[142] D. Yamashiro, J. Blake, H. H. Li, *Tetrahedron Lett.* **1976**, *18*, 1469–1472.

[143] M. Schnölzer, P. F. Alewood, A. Jones, D. Alewood, S. B. Kent, *Int. J. Peptide Protein Res.* **1992**, *40*, 180–193.

[144] J. Bedfored, C. Hyde, C. Johnson, W. Jun, D. Owen, M. Quibell, R. C. Sheppard, *Int. J. Peptide Protein Res.* **1992**, *40*, 300–307.

[145] W. R. Sampson, H. Patsiouras, N. J. Ede, *J. Pept. Sci.* **1999**, *5*, 403–409.

[146] J. Blaakmeer, T. Tjisse-Klasen, G. I. Tesser, *Int. J. Peptide Protein Res.* **1991**, *37*, 556–564.

[147] T. Johnson, M. Quibell, D. Owen, R. C. Sheppard, *J. Chem. Soc. Chem. Commun.* **1993**, *4*, 369–372.

[148] T. Wöhr, F. Wahl, A. Nefzi, B. Rohwegger, T. Sato, X. Sun, M. Mutter, *J. Chem. Soc. Chem. Commun.* **1996**, *118*, 9218–9227.

[149] M. Mutter, A. Nefzi, T. Sato, X. Sun, T. Wahl, T. Wuhr, *Peptide Res.* **1995**, *8*, 145–153.

[150] P. Dumy, M. Kellar, D. E. Ryan, B. Rohwedder, T. Wöhr, M. Mutter, *J. Am. Chem. Soc.* **1997**, *119*, 918–925.

[151] Y. Sohma, M. Sasaki, Y. Hayashi, T. Kimura, Y. Kiso, *Chem. Commun.* **2004**, *1*, 124–125.

[152] L. A. Carpino, E. Krause, C. D. Sferdean, M. Schümann, H. Fabian, M. Bienert, M. Beyermann, *Tetrahedron Lett.* **2004**, *45*, 7519–7523.

[153] Y. Sohma, Y. Hayashi, M. Kimura, Y. Chiyomori, A. Taniguchi, M. Sasaki, T. Kimura, Y. Kiso, *J. Pept. Sci.* **2005**, *11*, 441–451.

[154] M. Mutter, A. Chandravarkar, C. Boyat, J. Lopez, S. Dos-Santos, B. Mandal, R. Mimna, K. Murat, L. Patiny, L. Saucede, G. Tuchscherer, *Angew. Chem. Int. Ed.* **2004**, *43*, 4172–4178.

[155] D. H. Lloyd, G. M. Petrie, R. L. Noble, J. P. Tam in *Peptides: Proc. Am Pept. Symp. 11th*, Rivier, J. E., Marshall, G. R., Eds.; ESCOM: Leiden, Netherlands, **1990**, pp. 909–910.

[156] J. R. Spencer, V. V. Antonenko, N. G. J. Delaet, M. Goodman, *Int. J. Pept. Prot. Res.* **1992**, *40*, 282–293.

[157] D. B. Larsen, C. Larsen, A. Holm in *Peptides 1990*, *Vol. 183*, ESCOM: Leiden, **1991**.

[158] B. Bacsa, K. Horvati, S. Bösze, F. Andreae, C. O. Kappe, *J. Org. Chem.* **2008**, *19*, 7532–7542.

[159] S. Abdel-Rahman, A. El-Kafrawy, A. Hattaba, M. F. Anwer, *Amino Acids* **2007**, *33*, 531–536.

[160] *http://www.cem.com/images/.*

[161] D. F. Veber, J. D. Milkowski, R. G. Denkewalter, R. Hirschmann, *Tetrahedron Lett.* **1968**, 3057–3058.

[162] M. J. Hunter, E. A. Kornives, *Anal. Biochem.* **1995**, *228*, 173–177.

[163] N. Osamu, C. Kitada, M. Fujino, *Chem. Pharm. Bull.* **1978**, *26*, 1576–1585.

[164] K. M. Harris, S. N. Flemer, R. J. Hondal, *J. Pept. Sci.* **2006**, *13*, 81–93.

[165] O. Avrutina, PhD thesis, Universität Göttingen, **2007**.

[166] B. Kamber, *Helv. Chim. Acta* **1971**, *54*, 927–930.

[167] J. Xia, E. Bergseng, B. Fleckenstein, M. Siegel, C.-Y. Kim, C. Khosla, L. M. Sollid, *Bioorganic & Medicinal Chem.* **2007**, *15*, 6565–6573.

[168] W. P. Jencks, *J. Am. Chem. Soc.* **1959**, *81*, 475–481.

[169] W. P. Jencks in *Catalysis in Chemistry and Enzymology*, Dover Publications, Inc.: New York, **1986**, pp. 467–471.

[170] R. Fields, H. B. Dixon, *Biochem J.* **1968**, *108*, 883–887.

[171] K. R. Gustafson, T. C. McKee, H. R. Bokesch, *Curr. Prot. Pept. Sci.* **2004**, *5*, 331–340.

[172] K. F. Geoghegan, J. G. Stroh, *Bioconjug. Chem.* **1992**, *3*, 138–146.

[173] A. Dirksen, S. Dirksen, T. M. Hackeng, P. E. Dawson, *J. Am. Chem. Soc.* **2006**, *128*, 15602–15603.

[174] B. L. Nilsson, L. L. Kiessling, R. T. Raines, *Org. Letters* **2000**, *2*, 1939–1941.

[175] E. Saxon, J. I. Armstrong, C. R. Bertozzi, *Org. Letters* **200**, *2*, 2141–2143.

[176] J. Meyer, H. Staudinger, *Helv. Chim. Acta* **1919**, *2*, 635–646.

[177] Y. He, R. J. Hinklin, J. Chang, L. L. Kiessling, *Org. Letters* **2004**, *6*, 4479–4482.

[178] G. K. Farrington, A. Kumar, F. C. Wedler, *Org. Prep. Proceed. Int.* **1989**, *21*, 390–392.

[179] A. B. Soellner, B. L. Nilsson, R. T. Raines, *J. Org. Chem.* **2002**, *67*, 4993–4996.

[180] C. Grandjean, A. Boutonnier, C. Guerreiro, J.-M. Fournier, L. A. Mulard, *J. Org. Chem.* **2005**, *70*, 7123–7132.

[181] H. C. Kolb, M. G. Finn, K. B. Sharpless, *Angew. Chem. Int. Ed.* **2001**, *40*, 2004–2021.

[182] V. V. Rostovtsev, L. G. Green, V. V. Fokin, K. B. Sharpless, *Angew. Chem. Int. Ed.* **2002**, *41*, 2596–2599.

[183] V. O. Rodinov, V. V. Fokin, M. G. Finn, *Angew. Chem. Int. Ed.* **2005**, *69*, 2210–2215.

[184] F. Himo, T. Lovell, R. Hilgraf, V. V. Rostovtsev, L. Noodleman, K. B. Sharpless, V. V. Fokin, *J. Am. Chem. Soc.* **2005**, *127*, 210–216.

[185] V. D. Bock, H. Hiemstra, J. H. vanMaarseveen, *Eur. J. Org. Chem.* **2006**, 51–68.

[186] C. W. Tornoe, C. Christensen, M. Meldal, *J. Org. Chem.* **2002**, *67*, 3057–3064.

[187] P. B. Alper, S.-C. Wong, *Tetrahedron Lett.* **1996**, *37*, 6029–6032.

[188] T. Plass, MSc thesis, Universität Göttingen, **2008**.

[189] O. Mitsunobu, *Synthesis* **1981**, 1–28.

[190] H. Priebe, *Acts Chim. Scand. B* **1984**, *38*, 623–626.

[191] F. E. Ziegler, K. W. Fowler, W. B. Rodgers, R. T. Wester in *Organic Synthesis, Vol. VIII*, Wiley: New York, **1993**.

[192] F. Perez-Balderas, M. Ortega-Munoz, J. Morales-Sanfrutos, F. Hernandez-Mateo, F. G. Calvo-Flores, J. A. Calvo-Asin, J. Isac-Garcia, F. Santoyo-Gonzalez, *Org. Letters* **2003**, *5*, 1951–1954.

[193] T. R. Chan, R. Hilgraf, K. B. Sharpless, V. V. Fokin, *Org. Letters* **2004**, *6*, 2853–2855.

[194] J. T. Groves, R. R. Chambers, *J. Am. Chem. Soc.* **1984**, *106*, 630–638.

[195] B.-Y. Lee, S. R. Park, H. B. Jeon, K. S. Kim, *Tetrahedron Lett.* **2006**, *47*, 5105–5109.

[196] J. E. Moses, *Chem. Soc. Rev* **2007**, *36*, 1249–1262.

[197] M. V. Gil, M. J. Arevalo, O. Lopez, *Synthesis* **2007**, *11*, 1589–1620.

[198] A. Baeyer, *Ber. Dtsch. Chem. Ges.* **1871**, *4*, 658–665.

[199] A. Reimers, U. Müller, *J. Lab. Med.* **2002**, *26*, 115–119.

[200] L. B. Schwartz, T. R. Bradford, C. Rouse, A.-M. Irani, G. Rasp, J. K. v. d. Zwan, P.-W. G. v. d. Linden, *J. Clin. Immun.* **1994**, *14*, 190–204.

[201] D. Ludolph-Hauser, F. Rueff, C. P. Sommerhoff, B. Przybilla, *Der Hautarzt* **1999**, *50*, 556–561.

[202] B.-Z. Zhu, W. E. Antholine, B. Frei, *Free Radical Biol. & Med.* **2002**, *32*, 1333–1338.

[203] C. J. Doona, D. M. Stanbury, *Inorg. Chem.* **1996**, *35*, 3210–3216.

[204] O. E. Piro, R. C. Piatti, A. E. Bolzan, R. C. Salvarezza, A. J. Arvia, *Acta Crystallogr. Sect. B* **2000**, *56*, 993–997.

[205] I. P. Little, *Aust. J. Soil Res.* **1989**, *27*, 117–122.

[206] S. Punna, J. Kuzelka, Q. Wang, M. G. Finn, *Angew. Chem. Int. Ed.* **2005**, *117*, 2255–2260.

[207] Y. Angell, K. Burgess, *Angew. Chem. Int. Ed.* **2007**, *119*, 3723–3725.

[208] D. J. Craik, N. L. Daly, J. Mulvenna, M. R. Plan, M. Trabi, *Curr. Protein Pept. Sci.* **2004**, *5*, 297–315.

[209] D. J. Craik, N. L. Daly, T. Bond, C. Waine, *J. Mol. Biol.* **1999**, *294*, 1327–1336.

[210] J. P. Tam, Y.-A. Lu, *Tetrahedron Lett.* **1997**, 5599–5602.

[211] J. A. Camarero, T. W. Muir, *Chem. Commun.* **1997**, *15*, 1369–1370.

[212] J. Chen, D. Warren, B. Wu, G. Chen, Q. Wan, S. J. Danishefsky, *Tetrahedron Lett.* **2006**, *47*, 1969–1972.

[213] G. T. Bourne, S. W. Holding, W. D. F. Meutermans, M. L. Smythe, *Lett. Pept. Sci.* **2001**, *7*, 311–316.

[214] P. Grieco, P. M. Gitu, V. J. Hruby, *J. Pept. Sci.* **2001**, *57*, 250–256.

[215] R. Kleineweischede, C. P. R. Hackenberger, *Angew. Chem. Int. Ed.* **2008**, *47*, 5984–5988.

[216] P. Thongyoo, E. W. Tate, R. J. Leatherbarrow, *Chem. Commun.* **2006**, *27*, 2848–2850.

[217] P. Thongyoo, A. M. Jaulent, E. W. Tate, R. J. Leatherbarrow, *ChemBioChem* **2007**, *8*, 1107–1109.

[218] T. C. Evans, D. Martin, R. Kolly, D. Panne, L. Sun, I. Ghosh, L. Chen, J. Benner, X.-Q. Liu, M.-Q. Xu, *J. Biol. Chem.* **2000**, *275*, 9091–9094.

[219] F. B. Perler, *Nucleic Acids Res.* **2002**, *30*, 383–384.

[220] J. A. Camarero, J. Cotton, A. Adeva, T. W. Nuir, *J. Pept. Res.* **1998**, *51*, 303–316.

[221] R. H. Kimura, A.-T. Tran, J. A. Camarero, *Angewandte Chemie* **2005**, *118*, 987–990.

[222] O. Avrutina, H.-U. Schmoldt, D. Gabrijelic-Geiger, A. Wentzel, H. Frauendorf, C. P. Sommerhoff, U. Diederichsen, H. Kolmar, *ChemBioChem* **2008**, *9*, 33–37.

[223] S. J. Weiner, P. A. Kollmann, D. T. Nguyen, D. A. Case, *J. Comp. Chem.* **1986**, *7*, 230–252.

[224] M. Saunders, K. Houk, W. C. Guide, *J. Am. Chem. Soc.* **1990**, *112*, 1419–1427.

[225] A. A. Virgilio, J. A. Ellman, *J. Am. Chem. Soc.* **1994**, *116*, 11580.

[226] M. Gude, J. Ryf, P. D. White, *Lett. Pept. Sci.* **2003**, *9*, 203–206.

[227] E. T. Kaiser, R. Colescott, C. Bossinger, P. Cook, *Anal. Biochem.* **1970**, *43*, 595–598.

[228] M. P. Glenn, I. R. Pattenden, R. C. Reid, D. R. Tyssen, J. D. A. Tyndall, C. J. Birch, D. P. Fairie, *J. Med. Chem.* **2002**, *45*, 371–378.

[229] F. Ruan, Y. Chen, K. Itoh, T. Sasaki, P. B. Hopkins, *J. Org. Chem.* **1991**, *56*, 4347–4354.

[230] A. J. Link, M. K. S. Vink, P. Tirrell, *J. Am. Chem. Soc.* **2004**, *126*, 10598–10602.

[231] G. Panda, N. V. Rao, *Synlett* **2004**, *4*, 714–716.

[232] J. R. Thomas, X. Liu, P. J. Hergenrother, *J. Am. Chem. Soc.* **2005**, *127*, 12434–12435.

[233] W. L. DeLano, *The PyMol Molecular Graphics System*, DeLano Scientific, Palo Alto, CA, USA; http://www.pymol.org, **2002**.

Abbildungsverzeichnis

1.1   Der Peptid-*Scaffold* MCoTI-II.   3

2.1   Trypsin Inhibitor MCoTI-II   6

2.2   Ausschnitt des Cystin-Knotenmotivs der Knotenproteine   7

2.3   Topologie von Cystin-Knotenproteinen   8

2.4   Faltungsmöglichkeiten des Zyklotids MCoTI-II   9

3.1   3D-Struktur von Trypsinogen und Trypsin   11

3.2   Mechanismus der Serinproteasen   12

3.3   Elektronenmikroskopischen Bild einer IgE-aktivierten Mastzelle . .   14

3.4   Ansicht der Tryptase mit Heparinklammer.   15

3.5   Zerstörung der tetrameren Form von Tryptase.   16

3.6   Verschiedene Tryptase-Inhibitoren   18

3.7   Bivalente Inhibitoren.   20

4.1   Synthese durch Barnase'-Fusionsproteinen   23

4.2   Darstellung der Peptid-Festphasensynthese   27

4.3   Carbonsäureaktivierung   29

4.4   Mechanismus der Fmoc-Entschützung   30

4.5   Entschützung von Pseudoprolinen   35

4.6   Synthese mit Depsipeptiden   35

4.7   Aggregatbrechung mit Mikrowellen.   36

4.8   Synthese der linearen Vorstufen 38

4.9   Entschützungsmethoden für Acm-geschützte Peptide. 40

4.10 Versuchte Acm-Entschützung mit einem Überschuss Iod in 80%iger
      Essigsäure. 41

4.11 Vergleich der Acm-Entschützungsreaktionen 42

5.1   Intramolekulare Ringschlussreaktion statt Dimerisierung 45

5.2   Versuchte Hydrazon-Derivatisierung. 46

5.3   Mechanismus der Oxidation durch Periodat 47

5.4   Anilin katalysierte Hydrazon-Bildung 48

5.5   Spurlose Staudinger Ligation zweier Peptide. 49

5.6   Darstellung des ligationsgeeigneten Phosphan-Linkers. 50

5.7   Mechanismus der „Click-Chemie" 52

5.8   Synthese von N-Fmoc-L-Ser(2'-propin)-OH 53

5.9   Synthese von N-Fmoc-L-Lys(ϵ-azido)-OH 54

5.10 Synthese von N-Boc-L-Ala(β-azido)-OH 55

5.11 Synthese eines Alkin-funktionalisierten Linkers. 55

5.12 Synthese eines Azid-funktionalisierten Linkers. 56

5.13 Synthese eines verlängerten Azid-funktionalisierten Linkers. 56

5.14 Synthese eines linearen Azid-funktionalisierten Linkers. 56

5.15 Synthese eines Fluorophor-markierten Linkers durch Thioharnstoff-
      bildung. 58

5.16 Synthese des Kupferiodidtriethylphosphits. 59

5.17 Syntheses von *Tris*-(benzyltriazolylmethyl)amin. 60

5.18 Reaktionsbedingungen für „Click-Chemie" die mit Knotenproteinen. 63

5.19 Die zwei verwendeten Synthesemethoden zur Dimerisierung. 64

5.20 Schema der „Click"-Monomer-Synthese. 65

5.21 Linker 65

5.22 Darstellung der mit „Click-Chemie" synthetisierten Monomere. . . 66

5.23 Synthetisierte Dimere 1 68

5.24 Synthetisierte Dimere 2 69

5.25 Versuchte Fluorophor-Markierung 71

5.26 Oxidative „Click-Chemie" 72

6.1 Zyklisierung mittels spurloser Staudinger Ligation 75

6.2 Syntheserouten zum *cyclic cystine knot* 76

6.3 Zyklisierung mittels Thia-Zip Reaktion 77

6.4 Darstellung des intramolekularen *trans Splicing*. 78

6.5 Synthese von Imino-Cyclotiden nach *Avrutina et al.*[222] 79

6.6 Sequenz und Verknüpfung des zyklisierten Cystinknoten-Peptids. . 80

6.7 Makrozyklisierung durch „Click-Chemie" 81

6.8 HPLC-Chromatogramm von offenkettigem und zyklisiertem Knotenprotein. 82

6.9 Darstellung eines makrozyklischen Dimers 83

6.10 Vorgeschlagener Mechanismus: „Click-Chemie" an fester Phase . . 84

11.1 Darstellung des alkylverlinkten oMCoTI$^{S(2'-Propin)KKV}$-Dimers. 157

Mein erster Dank gilt meinen ehemaligen und aktuellen Mitstreitern im Kuriositätenlabor P-108 T. Stafforst, O. Avrutina, A. Nadler, A. S. Sumfleth, K. Petersen, S. Scholz und A. Groschner für das angenehme Laborklima und das kreative Chaos.

Den Mitarbeitern der NMR-Abteilung gilt mein Dank für die zuverlässige Anfertigung der Spektren. Ebenso möchte ich mich bei den Mitarbeitern der Masseabteilung für die zügigen Messungen bedanken.

Vielen Dank auch an Jun.-Prof. Dr. C. Ducho für die Übernahme des Korreferats und wertvolle Grammatiktipps.

Für das Korrekturlesen dieser Arbeit gebührt mein Dank A. Nadler, P. Schneggenburger, K. Fejfar sowie A. Groschner.

Auch bei meinen Freunden im Kellnerweg, insbesondere Kolja Stengert, möchte ich mich für die schöne Zeit neben der Chemie bedanken. Die vielen gemeinsamen Unternehmungen haben mir immer sehr viel Spaß gemacht und ich werde immer wieder gerne an sie zurückdenken.

Für den wichtigsten Teil des Tages, die Kaffeepause, möchte ich mich natürlich bei Fab, Pascal, Daniel, Binchen und Caro bedanken. Ein Tag ohne den Austausch der Breaking News ist kein guter Tag.

Bei meinen Eltern und meinem Bruder Sören möchte ich mich für die stete Unterstützung bedanken und dafür, dass ich mich jederzeit hundertprozentig auf sie verlassen konnte.

Ganz besonderer Dank gebührt meiner Freundin Caroline für ihre immerwährende moralische Unterstützung.

Lebenslauf

1980	Geboren am 18.07.1980 in Hildesheim
Sept. 1986 - Juli 1990	Grundschule Diekholzen
Sept. 1990 - Juli 1992	Orientierungsstufe Ochtersum
Sept. 1992 - Juli 1999	Scharnhorstgymnasium Hildesheim *(allgemeine Hochschulreife)*
Nov. 1999 - Sept. 2000	Grundwehrdienst in Schwanewede
Okt. 2000 - Mai 2005	Studium der Chemie an der Georg-August-Universität zu Göttingen *(Diplom)*, Diplomarbeit bei Prof. Dr. Ulf Diederichsen mit dem Titel: „Arbeiten zu PNA-DNA Chimären im Hinblick auf DNA-Diagnostika"
Sept. 2005 - Jan. 2009	Dissertation bei Prof. Dr. Ulf Diederichsen am Institut für Organische und Biomolekulare Chemie der Georg-August-Universität zu Göttingen mit dem Titel: „Synthese dimerer Cystinknoten-Mikroproteine im Hinblick auf bivalente Enzyminhibition"